U0395701

格致方法·定量研究系列　吴晓刚　主编

模糊集合理论在社会科学中的应用

［澳］麦可·史密生（Michael Smithson）
［美］杰·弗桂能（Jay Verkuilen）　著

林宗弘 译

SAGE Publications ,Inc.

格致出版社　上海人民出版社

出版说明

由香港科技大学社会科学部吴晓刚教授主编的"格致方法·定量研究系列"丛书,精选了世界著名的 SAGE 出版社定量社会科学研究丛书中的 35 种,翻译成中文,集结成八册,于 2011 年出版。这八册书分别是:《线性回归分析基础》、《高级回归分析》、《广义线性模型》、《纵贯数据分析》、《因果关系模型》、《社会科学中的数理基础及应用》、《数据分析方法五种》和《列表数据分析》。这套丛书自出版以来,受到广大读者特别是年轻一代社会科学工作者的欢迎,他们针对丛书的内容和翻译都提出了很多中肯的建议。我们对此表示衷心的感谢。

基于读者的热烈反馈,同时也为了向广大读者提供更多的方便和选择,我们将该丛书以单行本的形式再次出版发行。在此过程中,主编和译者对已出版的书做了必要的修订和校正,还新增加了两个品种。此外,曾东林、许多多、范新光、李忠路协助主编参加了校订。今后我们将继续与 SAGE 出版社合作,陆续推出新的品种。我们希望本丛书单行本的出版能为推动国内社会科学定量研究的教学和研究作出一点贡献。

总 序

往事如烟，光阴如梭。转眼间，出国已然十年有余。1996 年赴美留学，最初选择的主攻方向是比较历史社会学，研究的兴趣是中国的制度变迁问题。以我以前在国内所受的学术训练，基本是看不上定量研究的。一方面，我们倾向于研究大问题，不喜欢纠缠于细枝末节。国内一位老师的话给我的印象很深，大致是说：如果你看到一堵墙就要倒了，还用得着纠缠于那堵墙的倾斜角度究竟是几度吗？所以，很多研究都是大而化之，只要说得通即可。另一方面，国内（十年前）的统计教学，总的来说与社会研究中的实际问题是相脱节的。结果是，很多原先对定量研究感兴趣的学生在学完统计之后，依旧无从下手，逐渐失去了对定量研究的兴趣。

我所就读的美国加州大学洛杉矶分校社会学系，在定量研究方面有着系统的博士训练课程。不论研究兴趣是定量还是定性的，所有的研究生第一年的头两个学期必须修两门中级统计课，最后一个学期的系列课程则是简单介绍线性回归以外的其他统计方法，是选修课。希望进一步学习定量研究方法的可以在第二年修读另外一个三学期的系列课程，其中头两门课叫"调查数据分析"，第三门叫"研究设计"。除此以外，还有如"定类数据分析"、"人口学方法与技术"、"事件史分析"、"多层线性模型"等专门课程供学生选修。该学校的统计系、心理系、教育系、经济系也有一批蜚声国际的学者，提供不同的、更加专业化的课程供学生选修。2001年完成博士学业之后，我又受安德鲁·梅隆基金会资助，在世界定量社会科学研究的重镇密歇根大学从事两年的博士后研究，其间旁听谢宇教授为博士生讲授的统计课程，并参与该校社会研究院(Institute for Social Research)定量社会研究方法项目的一些讨论会，受益良多。

2003年，我赴港工作，在香港科技大学社会科学部，教授研究生的两门核心定量方法课程。香港科技大学社会科学部自创建以来，非常重视社会科学研究方法论的训练。我开设的第一门课"社会科学里的统计学"(Statistics for Social Science)为所有研究型硕士生和博士生的必修课，而第二门课"社会科学中的定量分析"为博士生的必修课(事实上，大部分硕士生在修完第一门课后都会继续选修第二门课)。我在讲授这两门课的时候，根据社会科学研究生的数理基础比较薄弱的特点，尽量避免复杂的数学公式推导，而用具体的例子，结合语言和图形，帮助学生理解统计的基本概念和模型。课程的重点放在如何应用定量分析模型研究社会实际问题上，即社会研究者主要为定量统计方法的"消费者"而非"生产者"。作为"消费者"，学完这些课程后，我们一方面能够读懂、欣赏和评价别人在同行评议的刊物上发表的定量研究的文章；另一方面，也能在自己的研究中运用这些成熟的方法论技术。

　　上述两门课的内容，尽管在线性回归模型的内容上有少量重复，但各有侧重。"社会科学里的统计学"（Statistics for Social Science）从介绍最基本的社会研究方法论和统计学原理开始，到多元线性回归模型结束，内容涵盖了描述性统计的基本方法、统计推论的原理、假设检验、列联表分析、方差和协方差分析、简单线性回归模型、多元线性回归模型，以及线性回归模型的假设和模型诊断。"社会科学中的定量分析"则介绍在经典线性回归模型的假设不成立的情况下的一些模型和方法，将重点放在因变量为定类数据的分析模型上，包括两分类的 logistic 回归模型、多分类 logistic 回归模型、定序 logistic 回归模型、条件 logistic 回归模型、多维列联表的对数线性和对数乘积模型、有关删节数据的模型、纵贯数据的分析模型，包括追踪研究和事件史的分析方法。这些模型在社会科学研究中有着更加广泛的应用。

　　修读过这些课程的香港科技大学的研究生，一直鼓励和支持我将两门课的讲稿结集出版，并帮助我将原来的英文课程讲稿译成了中文。但是，由于种种原因，这两本书拖了四年多还没有完成。世界著名的出版社 SAGE 的"定量社会科学研究"丛书闻名遐迩，每本书都写得通俗易懂。中山大学马骏教授向格致出版社何元龙社长推荐了这套书，当格致出版社向我提出从这套丛书中精选一批翻译，以飨中文读者时，我非常支持这个想法，因为这从某种程度上弥补了我的教科书未能出版的遗憾。

　　翻译是一件吃力不讨好的事。不但要有对中英文两种语言的精准把握能力,还要有对实质内容有较深的理解能力,而这套丛书涵盖的又恰恰是社会科学中技术性非常强的内容,只有语言能力是远远不能胜任的。在短短的一年时间里,我们组织了来自中国内地及港台地区的二十几位研究生参与了这项工程,他们目前大部分是香港科技大学的硕士和博士研究生,受过严格的社会科学统计方法的训练,也有来自美国等地对定量研究感兴趣的博士研究生。他们是:

香港科技大学社会科学部博士研究生蒋勤、李骏、盛智明、叶华、张卓妮、郑冰岛,硕士研究生贺光烨、李兰、林毓玲、肖东亮、辛济云、於嘉、余珊珊,应用社会经济研究中心研究员李俊秀;香港大学教育学院博士研究生洪岩璧;北京大学社会学系博士研究生李丁、赵亮员;中国人民大学人口学系讲师巫锡炜;中国台湾"中央"研究院社会学所助理研究员林宗弘;南京师范大学心理学系副教授陈陈;美国北卡罗来纳大学教堂山分校社会学系博士候选人姜念涛;美国加州大学洛杉矶分校社会学系博士研究生宋曦。

关于每一位译者的学术背景,书中相关部分都有简单的介绍。尽管每本书因本身内容和译者的行文风格有所差异,校对也未免挂一漏万,术语的标准译法方面还有很大的改进空间,但所有的参与者都做了最大的努力,在繁忙的学习和研究之余,在不到一年的时间内,完成了三十五本书、超过百万字的翻译任务。李骏、叶华、张卓妮、贺光烨、宋曦、於嘉、郑冰岛和林宗弘除了承担自己的翻译任务之外,还在初稿校对方面付出了大量的劳动。香港科技大学霍英东南沙研究院的工作人员曾东林,协助我通读了全稿,在此我也致以诚挚的谢意。有些作者,如香港科技大学黄善国教授、美国约翰·霍普金斯大学郝令昕教授,也参与了审校工作。

我们希望本丛书的出版,能为建设国内社会科学定量研究的扎实学风作出一点贡献。

吴晓刚
于香港九龙清水湾

目 录

序

对人类来说，集合概念的得来相当容易。人们可能发现，集合的逻辑最早来自亚里士多德，他在他经典的《逻辑学》里认为，人与牛都是"动物"，并且把动物分为有足的、双足的、有翅的与水生的几种不同类别。直到 1874 年，这种逻辑观念才得到精确的数学表述。乔治·肯特尔（George Canter），这位双亲来自俄罗斯的丹麦学者，发表了一篇有数学公式与严谨的集合概念的论文，标志着集合理论作为一个数学分支的诞生。

集合理论，或本书中称为"经典集合论"的学说，长期以来支配着数学教学，现在仍然是高中数学教材里的重要组成部分。根据这个理论，成分函数，或以 m_x 来表示任何属于 X 集合的数据，只有两种数值，即 0 或 1，而且其函数图形可以表示为 $m_x: X \rightarrow \{0, 1\}$。然而，这个对现实的简化被罗飞·查迪（Lotfi Zadeh）于 1965 年所发表那篇关于模糊集合的革命性论文永远改写了。模糊集合的函数图形可以定义为 $m_x: X \rightarrow [0, 1]$，这允许数值出现在整个单位区间内。尽管模糊集合的逻辑基础可以追溯到柏拉图，但是直到查迪论文的出现，才奠定了这类理论研究的基础，该理论随后被应用在计算机科学、工程科学与其他基础科学，包括社会科学之中。时至今日，模糊逻辑的运用已经涉及如何推动子弹列车、洗衣机与摄影机的运行等各方面。

　　模糊集合理论对社会科学有何贡献呢？在社会科学研究里，模糊性是稀松平常的事情，模糊集合理论为我们提供了一种适当的方式去系统性、建设性地处理模糊性。史密生与弗桂能的模糊集合理论是该领域的及时雨。本书提供了模糊集合理论的介绍，它超越了我们熟悉的清晰二分逻辑领域，是带领读者前往应许之地的一趟智识之旅。

廖福挺

第 *1* 章

导　论

　　社会科学研究者长期以来观察到，尽管人类习惯于把他们的世界分成几个领域或类型，但他们却常使用一些边界模糊或是成分渐变的分类。社会科学界所使用的概念也常常如此。本书介绍模糊集合理论，它是罗飞·查迪对经典集合理论的延伸，为处理允许部分成员（有时译为元素）归属或归属程度不一的分类方式，提供了一个数学框架。

　　在最初允许样本部分地属于一个集合的直觉显现之后，模糊集合理论提出了并集与交集等集合概念的一般化理论。因此，这个理论把分类概念带到了向量的领域。如果经济贫困与心理忧郁的程度被认为是重要的，那么模糊集合理论认为，我们讨论穷人与忧郁人群交集的程度有多高之类的议题仍有意义。我们把模糊集合理论加入社会科学的工具箱有5大理由：

　　　　第一，该理论能够系统化地处理模糊性。

　　　　第二，社会科学的许多创见同时具备分类与向量的性质，即便是分类概念，也有重大的程度之分。

　　　　第三，该理论可以超越条件分析的工具与一般线性模型，用集合理论的一般化操作来分析多变量关系。

　　第四，它有理论上的精确性，大部分理论常常使用逻辑或集合导向的词汇来表达，但多数以连续变量为主的统计模型则不是。

　　第五，模糊集合理论以精确的方式结合了集合导向的思路与连续变量。

　　在过去的 40 年间，模糊集合理论被引介以来，已经累积了许多合适的应用经验，这种情况建议我们适时出版一本介绍模糊集合的书籍。举例来说，在心理学界，出现了以模糊集合为基础的认知理论（例如，Oden & Massaro, 1978）或记忆理论（Massaro, Weldon & Kitzis, 1991），模糊集合被用来解决测量问题，并且提供了新颖的分析工具（Hesketh, Pryor, Gleitzman & Hesketh, 1988；Parasuraman, Masalonis & Hancock, 2000；Smithson, 1987；Wallsten, Budescu, Rappoport, Zwick & Forsyth, 1986；Zwick, Budescu & Wallsten, 1988；Smithson & Oden, 1999）。此外，在社会学界与政治学界，拉津呼吁引进模糊集合来处理他所谓"多样性导向"的研究，并且强化理论与数据分析的关联性（Ragin, 2000）。

　　因此，本书旨在引导社会科学研究者熟悉模糊集合与方法工具以便运用它。第 2 章介绍模糊集合理论的基本概念，包括成员归属等级、集合的理论运算、模糊数值与模糊变量。第 3 章着重在模糊集合与调查方法里赋予成员归属等级以建立归属函数。第 4 章探讨模糊集合的单变量性质——也就是集合的量与势——所拥有的概率分布及模糊性。第 5 章发展了集合之间（交集、并集与相容）的双变量关系。最后，第 6 章引进多集合关系与概念，包括组合集合指针、条件元素函数以及多重与部分交集与兼容。纵贯全书,我们从不同的社会科学学科里找出范例,并且尽量建立起模糊集合取向与传统数据分析技巧之间的关联性。

　　与其他模糊集合理论的教科书不同,本书强调将模糊集合的概念与相当直接的统计技巧(尤其是许多已经用在标准化统计软件中的技巧)结合起来。我们相信,这种结合是必要的。当模糊集合理论被引入社会科学后,多数研究者常常仅仅运用模糊集合引入成员归属等级与重合分类的想法,某些明显是归属等级的运用也许混合了原型与类似原型的测量,少数运用模糊交集与并集、模糊逻辑或其他模糊推论方法。本书把模糊集合理论作为主要的核心议题,并且为那些希望驾驭模糊集合概念,以作出统计推论并检验他们模型的研究者,提供明确的指引。

　　有关模糊集合的某些观点并不包括在这本书里,不是因为我们认为那些方向不重要,而是因为讨论它们会使本书的篇幅加倍。反之,我们将集中讨论那些对广大社会科学圈内的、曾听说过模糊集合理论但是不了解它的读者们而言,最有趣也最容易理解的观点。然而,我们在此列举一些没包括在本书之内,但是仍然与社会科学家们有关的两个领域里的研究文献。模糊逻辑是模糊集合理论的直接延伸,并且包含在许多模糊推论与控制系统的运用中,范围从简单静态数据结构到复杂动态的系统分析。贝多西(Bárdossy)与杜克斯坦(Duckstein)讨论了区域规划所使用的数据系统。塞斯(Seitz)与他的同事们使用动态推论系统来模拟外交决策与组织行为(Seitz, 1994; Seitz, Hulin & Hanisch, 2001)。泰伯对部分使用模糊理性的计算模型提供了基本简介(Taber,

1992)。模糊数据的简化技巧最初由模块认知的研究引进并加以发展,这一类研究很多都属于模糊群聚方法(Smithson, 1987;Steenkamp & Wedel, 1991)。另一个研究取向的例子属于潜在阶级分析的"成员归属"延伸(Manton, Woodbury & Tolley, 1994),在潜在阶级分类里允许部分成员归属的存在,有个叫 DSIGoM 的统计软件运用该技术并发行商业版(Decision Systems Inc., 1998),如今,GoM 模型在健康研究与人口学领域已被大量运用。此外,还有研究者用多层次模型来扩展模糊集合,以便在家庭组成变迁的过程中估计家庭数据结构(Goldstein, Rasbash, Browne, Woodhouse & Poulain, 2000)。

第 **2** 章

模糊集合数学的总纲

在这一章中，我们将提供一个模糊集合数学的非技术性导论，我们不着重数学推算的细节而尽可能注重概念的澄清。在工程学的教科书里可找到不少有用的技术性导论，其中，最详尽的是齐默尔曼（Zimmerman，1993）、克立尔与原（Klir & Yuan，1995）的著作，对本章提及的主题细节有兴趣的读者可以自行参考。模糊集合理论是集合理论的概推，虽然集合理论是现代数学的基础，而且对博弈论与概率论熟悉的读者应该都已经有所了解，但我们也不能假设每个读者都懂，因此，我们将从集合理论的简单回顾与运算开始介绍，然后把模糊集合当成标准"清晰"的集合理论的特殊延伸。虽然"模糊"一词经常有负面的意思，但模糊集合数学其实是很精确的，它能使我们更妥善地估计那些呈现出某种程度不确定性与模糊性的现象。

第 1 节 | 集合理论

　　本书希望合理地介绍集合理论。对概率论、实数分析、几何理论、数理统计与线性代数的介绍都得包括集合理论。经典集合理论是处理事物之加总以及这些事物彼此关系的一种数学运算,其中最基本的是集合的概念,它是一组事物的清单,例如,$A = \{a, b, c, d, e\}$ 或者 $B = \{$橘子,柠檬,酸橙,葡萄柚,红柑$\}$。集合的有趣之处在于,其与一组决定相关元素或非相关元素的规则有关。例如,集合 A 可以被视为以"前五个字母"为规则的成员,集合 B 可以被视为"常见的柑橘属水果"这个规则下的成员,当然"常见"一词也可以被赋予更精确的定义。显然,当以集合来给经验现实建模或是测算现实数据时,界定事物的规则是最首要的应该被厘清的问题。在金桔与柑橘大丰收但是没出产酸橙与葡萄柚的地方,"常见的柑橘属水果"就难以定义集合 B。

　　集合有 4 种最基本的运算方式:并集、交集、余集(补集)与包含,通常是依序用下列符号表示:∪、∩、~ 与 ⊂(虽然有少数作者有时使用不同的符号)。用这些运算方式就可以组成相当复杂的集合。

　　并集与交集依据特定运算程序,从两个(或以上)的集合中创造新的集合,是重要的关系公式。并集把两个集合接合在一起,在包含的意义上可读为"或",一般来讲就是"且/或"。用前面说到的两个集合来表示,$A \cup B = \{$a, b, c, d, e, 橘子,柠檬,酸橙,葡萄柚,红柑$\}$。交集是两个集合重叠之处,可以简单读成"且"。前面这两个集合因为没有相同的元素,因此其交集是空的,我们可以将之写成 $A \cap B = \varnothing$,后面这符号是无或者空集合,集合内什么也没有。

余集,或者读做"非",也称做"补集",是在全集所有元素里不属于原集合的部分,其定义取决于我们如何界定集合外的全部事物,这就是全集 U。如果没有 U,我们不可能找到有意义的补集,也就不可能对集合提出任何有实质意义的命题。假设对前面定义的集合 A 来说,$U = \{$所有英语字母$\}$,则 $\sim A = \{$f, g, $\cdots$, z$\}$。此时,应注意到 $A \cup \sim A = U$,用文字表示就是,"所有的 A 与所有的非 A 加起来就是全部的事物"。此外,$A \cap \sim A = \varnothing$,即同时包括 A 与非 A 的集合是空集,这个命题又叫做"中间排除律",对于理解模糊集合理论有重要意义,因为模糊交集并不遵守中间排除律。

包含关注的是一个集合是否与另一集合的元素重合。若集合 Q 包括集合 P,则集合 P 内的所有元素皆在集合 Q 内,以集合 A 与集合 B 来说,则显然没有任何互相包含的元素。然而,给定 $T = \{$a, b, c, $\cdots$, j$\}$,$A \subset T$ 可以读成"A 被 T 所包含"或者"T 包含 A"。如我们到第 5 章将会看到的,包含的不对称性特别有利于解释那些经验个案中的关系,其中,许多都与社会科学家常用的相关系数不同。包含与交集有特殊的关系,当 $P \subset Q$ 时,则 $P \cap Q = P$。当 $P \subset Q$ 且 $Q \subset P$ 时,$P = Q$。表 2.1 显示了集合理论的运算规律。

表 2.1　最重要的集合理论运算规律

运算	符号	标记法	语言翻译
并集	$\cup$	$A \cup B$	A 或 B 或 A 且 B 的所有元素
交集	$\cap$	$A \cap B$	A 且 B 的元素
补集	$\sim$	$\sim A$	全集里不属于 A 的元素
包含	$\subset$	$A \subset B$	B 包含 A 的所有元素

第 2 节｜**为何要研究模糊集合？**

假定集合 $V = \{a, e, i, o, u\}$ 是元音的集合，从逻辑上说，$C = \sim V$，也就是辅音的集合，因为字母不属于元音就属于辅音。然而我们知道，字母 y 有时是元音有时又是辅音，例如在"my"这个词里 y 就是元音，但是在"yours"这个词里却不是。y 究竟属于集合 V 还是辅音集合 C？由于 y 并不是非 V 即 C，而是同时属于两者，所以答案不清楚。当然，这表示区分元音与辅音的规则并不造成互斥的两种字母分类，当我们定义 $C = \sim V$ 时，字母 y 已经违反了中间排除律。

虽然这个例子连小孩也很熟悉，但是遇上日常的数据库建构与其中事物关系的推论过程时，我们就很难想清楚更复杂的问题。经典集合理论常常难以处理集合元素分类规则的不确定性。数学元素总可以被定义清楚，经验数据却非如此。

模糊集合正是被设计来处理这种特殊类型的不确定性。我们常称其为"程度—模糊性"，这种状况来自事物具有某种程度不一的特质。模糊性最容易出现在一个经典悖论中，即我们接下来介绍的连锁推论。假定有一卡车的沙，当然那是一堆沙，如果我们从中挑出一粒沙，仍然会剩下一整堆，根据这种暗藏谬误的数学归纳法，我们即使移走所有的沙粒，还是会留下一整堆沙,以此类推。然而,事实上,我们拿走越多剩下就越少,就不会有人说剩下那一点点沙还是一堆。因此,问题出在"一堆"的定义不明确。这就是模糊性的主题,是一堆或不是一堆,两者之间没有清晰的、可供区分的临界点。

社会科学里的许多概念都包含这种本质上的模糊性,当我们界定一些典型案例以符合概念的定义时,在不同集合之间无法指出清晰的界线。比如贫穷,在一个固定社会脉络里,如"美国中西部大学城里的单身人士",我们可以相对容易地确定贫穷线为"2003 年全年所得在 2 万美元以下"。经典集合论告诉我们,一个中西部人如果每年赚了超过 2 万美元,就非穷人,即使大家都认为收入再多加一块也不会造成那个人生活上的任何物质影响。然而,每年收入再加上 1 万美元可能就会使其脱离贫穷,换句话说,在年收入 2 万美元与 3 万美元之间可以消除贫困,但确切的数字又是多少? 模糊集合理论为我们提供了一个精确的数学工具,不是去规定一个清晰的临界点,而是在绝对贫困与绝对脱贫的数字界线之间,界定成员归属的不同等级。

第 3 节 | 归属函数

　　模糊集合的基础来自经典集合，但是增加了一项元素：集合成员某种特质的可数成分，范围从 0 到 1。正式地说，归属函数 m_A 是一个将某些样本空间投影在单位区间 $[0, 1]$ 之间的函数，这种投影可以表示为：

$$m_A(x): \rightarrow [0, 1]$$

这就产生了模糊集合 A。谨记，该向量可能指涉一个全集，但也可以被定义为一个数学区域，例如，一条实线或者代表某种程度范围的区间。

　　归属函数是一个"集群"的指数，用来测量某事物 x 作为一个特定集合成员归属的等级。与概率论不同，所有归属等级加起来不用等于 1，因此，集合里很多或者少数事物可能拥有很高的归属值。然而，集合里所有事物的归属值与其补集加起来仍然必须等于 1。经典集合论与模糊集合论的差异在于，后者可以接受部分的归属等级。经典或清晰集合事实上是将模糊集合的归属值限制在 $\{0, 1\}$，也就是单位区间的两端。模糊集合理论用归属函数赋予每个事物某个比重的数值来模拟模糊现象，并且测量"这个事物属于集合 A"属实的程度。

表 2.2　常见的柑橘属水果

水　果		水　果	
脐　橙	1.00	红　柑	0.50
柠　檬	1.00	金　桔	0.00
葡萄柚	0.75	柑　橘	0.25
酸　橙	0.75		

我们用两个简单的例子来说明一些重点。首先,我们主观建构一个"常见的柑橘属水果"的元素价值,从{0,0.25,0.50,0.75,1}中选取一个数。我们赋予的数值展现在表 2.2 中。元素或成员比例的赋予是需要审慎思考的艰难工作,我们会在第 3 章详细讨论这个问题,然而,这个程序与许多社会科学家在未考虑模糊集合理论的情况下对事物进行的记录与分类工作其实没有什么不同。

一种有用的对成员清单一般化的记录方式,是将标准集合配对记载下来:{(脐橙,1),(柠檬,1),(葡萄柚,0.75),(酸橙,0.75),(红柑,0.5),(金桔,0),(柑橘,0.25)}。对相对小规模的集合来说,这种等级配对清单的记录方法很完整而且很有用。

第二个案例展现以数学区域处理成员归属时的规则。通常,这种成员界定是以量化方式来定义的区域。以前面贫穷的例子来说,我们可以用年收入的线性过滤法。根据前文的定义,年收入超越 3 万美元的成员,其穷人的定义为 0(非穷人),从 3 万美元到 2 万美元是线性递增的比例,而 2 万美元以下的定义就是 1(穷人)。

$$Poor(x) = \begin{cases} 0 & (x > 30000) \\ \dfrac{30000 - x}{30000 - 20000} & (20000 \leqslant x \leqslant 30000) \\ 1 & (0 \leqslant x < 20000) \end{cases}$$

这看起来很容易。然而,在建构模糊集合(或任何集合)的过程中,我们马上会遇到一个两难问题,那就是全集 U 的定义。敏锐的读者或许已经察觉,前面的水果集合已经包括两个不同的性质,"常见的"与"柑橘属水果"(这当然是故意的)。这样怎么界定全集呢?这是柑橘属里的一个特定种类,是一般的水果,或是杂货店里买得到的,还是什么别的?对不同的全集来说,成员归属数值将会有不同的意义。在 $U = \{$柑橘属水果$\}$ 的例子里,金桔的数值 0 代表这种水果很少见,即使它确实是柑橘属的水果。然而,假若 $U = \{$一般的水果$\}$,则大部分非柑橘类的水果都会被赋予 0 的数值。苹果当然很常见,但不是柑橘属水果,因此完全不属于 A 集合成员。就连这种看起来有点可笑的集合,事实上都是很复杂的。我们在此应提醒读者,当建构一个总体时,清晰是最重要的特质。

第 4 节 ｜ **模糊集合理论的运算**

　　与经典集合理论类似,模糊集合理论包括并集、交集、补集与包含等基本运算,但它也包括非经典的运算方式,例如,修正值的集中与扩散以及相连的模糊加总。在这一节中,所有的计算公式都是依据只有两个集合的假设所设计的,但是根据数学归纳法,这些公式可以轻易推导到 3 个以上集合的运算。为了呈现模糊运算的方式,我们扩展了水果的例子。我们在水果全集里建构了 4 个模糊集合,这不是一份完整的水果清单。"常见的"代表对美国超级市场上可获得水果的一种主观评判。"柑橘属"或"蔷薇科"表示该水果属于植物学上的某一类。最后,"酸的"代表主观认定酸的程度。柑橘属与蔷薇科是清晰集合,因此,其所有成员的数值非 0 即 1(见表 2.3)。

　　模糊并集里的成员定义是集合里最大程度的成员归属。并集 $X \cup Y$ 的成员归属可以写成:

$$m_{X \cup Y} = \max(m_X, m_Y)$$

因此,脐橙的成员归属在并集"常见的∪柑橘属"里的值就是 $\max(1.00, 1.00) = 1.00$,而其数值在并集"蔷薇科∪酸的"则是 $\max(0.00, 0.25) = 0.25$。模糊交集里的成员归属则是

集合里最小程度的成员归属,也就是:

$$m_{X \cap Y} = \min(m_X, m_Y)$$

因此,脐橙的成员归属在"常见的 $\cap$ 酸的"的水果中就是 $\min(1.00, 0.25) = 0.25$。模糊补集定义为 $m_{\sim X} = 1 - m_X$,因此,脐橙在非酸性的集合里的成员归属为 $1 - 0.25 = 0.75$。

表 2.3　两种延伸集合里的成员归属(以水果为例)

水　果	常见的	柑橘属	蔷薇科	酸　的	柑橘属∪ 蔷薇科	常见的∩ 酸的
脐　橙	1.00	1.00	0.00	0.25	1.00	0.25
柠　檬	1.00	1.00	0.00	1.00	1.00	1.00
葡萄柚	0.75	1.00	0.00	0.75	1.00	0.75
酸　橙	0.75	1.00	0.00	0.75	1.00	0.75
红　柑	0.50	1.00	0.00	0.25	1.00	0.25
金　桔	0.00	1.00	0.00	0.00	1.00	0.00
柑　橘	0.25	1.00	0.00	0.00	1.00	0.00
苹　果	1.00	0.00	1.00	0.00	1.00	0.00
杨　桃	0.00	0.00	0.00	0.25	0.00	0.00
香　蕉	1.00	0.00	0.00	0.00	0.00	0.00
蔓越莓	0.75	0.00	0.00	0.75	0.00	0.75
樱　桃	0.25	0.00	1.00	0.25	1.00	0.25
草　莓	0.75	0.00	1.00	0.00	1.00	0.00
椰　子	0.50	0.00	0.00	0.00	0.00	0.00
菠　萝	0.50	0.00	0.00	0.50	0.00	0.50
绿葡萄	1.00	0.00	0.00	0.50	0.00	0.50

　　除非另有注明,否则接下来本书的模糊并集与模糊交集都依序使用上述极大与极小运算公式。然而,我们必须记住,这不是模糊集合理论对并集或交集的唯一定义。史密生曾延伸讨论过这个议题,虽然其他参考书籍也曾在思考 t 规律与 co

规律时提供了很有用的讨论,但在某些脉络下,针对某些特别应用上的需求,对运算公式的特殊定义可能更适当。例如,乘积的运算公式为 $m_{X \cup Y} = m_X + m_Y - m_{XY}$ 与 $m_{X \cap Y} = m_X m_Y$,这些公式事实上与联合独立事件的概率论有相同的规则。它们与极大—极小运算公式的不同之处在于,这些公式是连续性的,因此,成员归属值的变化总是能反映在并集与交集的成员上,连续性的变化或许能更有效地反映在潜在的概念空间里。对极大—极小运算方式来说,情况未必如此。

除了不连续性之外,极大—极小运算公式仍然是"产业标准"。它们运算容易,在某些情况下占优势。其中最重要的或许是,这些运算对输入成员归属值时所产生的干扰较具抵抗性——这些干扰通常来自测量误差或者实际的变化——因此只能给予等级式的测量。运算方式的多元化是模糊集合理论的优势也是弱点。在优势方面,许多不同的运算公式提供不同概念建模的工具;在弱点方面,许多选择使得我们难以分辨何者是最适当的方案。当然,这些运算公式都可以简化到经典集合理论,也就是只有 0 与 1 两极的元素。

这个理论使我们得以将运算公式组合起来,从而创造出相当复杂的集合。事实上,正是由于将许多简单的运算公式与规则建构串连成许多有趣的集合,模糊集合理论才有其长处。脐橙的成员等级在"～常见的 $\cap$ 酸的"一类是 $\min(1-1.00, 0.25) = 0$。确实,既然脐橙是甜而常见水果的典型,那么在上述集合里的成员等级很低也很合理。

模糊包含就更复杂一些。我们在此先介绍经典包含比率(CIR),在第 5 章会更完整地讨论。对清晰集合来说,包含是有或没有的议题,集合 A 或被集合 B 所包含,或没有,也就是说,至少有一个集合 A 的元素不在集合 B 中,所以不算包含。这完全没有模糊之处,因此从数据分析的角度来看是不合理的,我们总是预期在整体趋势之外会有一些随机产生的误差。由于清晰集合算是模糊集合的特殊类型,其中没有任何成员数值出现在单位区间之内,所以这也是一种归属函数。所以,包含可以被改写成对成员归属的命题:当 B 包含 A 时,集合 A 内的事物所具有的成员值不能超过集合 B 内的事物。这可以被轻易地延伸到连续的成员值。因此,CIR 就计算了这类事物在所有集合内事物的比率。如果共有 n 件事物:

$$\mathrm{CIR}_{A \subset B} = \#(m_A \leqslant m_B)/n \qquad [2.1]$$

由于这是个比例,所以就可以运用有关比例的标准统计方法来建构 CIR 的统计检验基础,这也是 CIR 运算的重点之一。B 包含 A 的另一个用处在于估计 m_A 与 $m_{A \cap B}$ 有多相似,这可以简单地用 $m_{A \cap B}$ 与 m_A 重合的点来解。如果两者重合,那么应该会形成一条截距为 0、斜率为 1 的直线。以水果为例,$\mathrm{CIR}_{酸的 \subset 常见的} = 15/16 = 0.9375$,这指出,酸的被模糊包含在常见的水果里。

我们曾说模糊集合违反中间排除律。以酸橙为例,它有 0.75 的酸性也有 0.25 ~ 酸性的成员归属,则其"酸的 $\cap$ ~酸的"的成员值是 $\min(0.75, 0.25) = 0.25$。当我们考虑模糊性情况时,这貌似合理,但是从基因工程学的立场来看,一种植物不可能是柑橘属又不是柑橘属,也就是说,酸橙在"柑橘属且非柑橘属"下的成员值是 $\min(1, 0) = 0$,这是理所当然的。

　　我们曾提到对模糊集合来说很重要的 3 种运算方式：集中、扩散以及加总。因为这些运算都只适用于 0 与 1 之间模糊的成员归属，它们并没有运用于经典集合。集中与扩散和补集类似，是对单一集合的修正，加总则与并集或交集类似，处理多集合的连结。集中与扩散是对成员归属的修正，当 X 是被定义的成员特质时，查迪建议，集中与"很 X"，而扩散则与"有点 X"的说法类似。原版的集中运算公式是 $m_{Cx} = m_x^2$，而扩散运算公式则是 $m_{Dx} = m_x^+$。可以把上述公式一般化为：集中就是乘幂大于 1、扩散就是乘幂小于 1 大于 0。

　　这些公式的灵感来自单位区间内可用乘幂转换的特质。乘幂转换可以投影到单位区间内，并且被当成成员归属的数值。集中是把除 0 与 1 之外的所有数值都简化到升幂的形式，但递减的效果在数值小的时候最弱；相反，扩散是令 0 与 1 以外的所有成员数值都递增，但渐增的效果在数值大的时候最弱。图 2.1 呈现了这种效果，图 2.2 显示了集中与扩散对前文提到的穷人的归属函数 $Poor(x)$ 的作用。

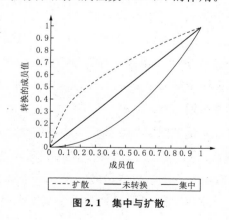

图 2.1　集中与扩散

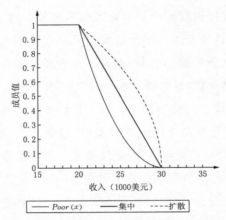

图 2.2　集中与扩散对穷人的归属函数 $Poor(x)$ 的作用

对模糊集合理论用来模拟这些日常自然语言的适切性，又称"语言学藩篱"，最大的质疑来自数学家勒考夫，特别是在是否可以用扩散来模拟"有点"一词这个问题上（Lakoff，1973）。史密生对哲学与认知科学的相关文献提供了延伸的讨论。然而，我们并不预设模糊集合理论是自然语言最佳的模型，但它在系统性的逻辑重建上，能模拟科学家操作的正式语言。对模糊集合理论最好的评判标准就是它能否提供有效的结论。我们将在第 3 章中进一步讨论模糊集合归属的数值转换，并在第 6 章里展示集中与扩散的应用实例。对其广泛应用的一个反对意见是，它们需要高水平的测量，这比多数使用者所期望的还困难。

我们最后讨论的模糊集合公式是模糊加总，以符号"Γ"来表示。因此，集合 X 与 Y 的加总就表示为 $X\Gamma Y$，而集合 X、Y 与 Z 的加总就表示成 $X\Gamma Y\Gamma Z$。经典集合运算有两个连接法——并集与交集，而且已经运用于模糊集合。前文提及,并集的成员归属是由集合里归属程度的极大值来决定的,然而交集的成员归属是由集合里归属程度的极小值来决定的。这里经常提及最强连接/最弱连接的比喻,因为并集的归属值是用数串里的最强连接,而交集的归属值是用数串里的最弱连接来决定的。在这个意义上,模糊并集是完全补偿性的,在集合 A、集合 B、集合 C 里较低的归属值可以被集合 D 里较高的归属值所补偿,但是当集合 D 的归属值也一样偏低时,集合 A、集合 B、集合 C 的数值就不能补偿之。换句话说,模糊并集模拟了多余的因果关系,而模糊交集则模拟了共生的因果关系。

　　然而,在许多情况下,理论告诉我们,在加总过程中,许多特质贡献于整体归属值,而且其中一个偏低的归属值可能无法被其他集合里较高的数值所补偿,这就违反了模糊并集公式。事实上,这种情况与建构因子分析时使用的假设非常相似,也就是各种组成成分整体上有加总的效果。虽然有很多加总公式,但在此,我们只讨论比较简单的两种。第一种是归属函数的几何平均:

$$m_{x\Gamma y} = \sqrt{m_x m_y}$$

几何平均的运作类似为彼此相近的归属值取平均,但是在归属值接近于 0 的时候更像是交集。第二种公式是并集与交集的算数平均:

$$m_{x\Gamma y} = \frac{\max(m_x,\ m_y) + \min(m_x,\ m_y)}{2}$$

在两个集合的例子中,这等于是归属值的算数平均,但在 3 个以上的集合相加时,就未必如此。更复杂的运算公式——

前面的两种都是其特殊化的变化——可以在相关著作中（Zimmerman，1993）找到讨论细节。如果我们把"常见的且酸的"通过几何平均加总，那么我们可以得到脐橙的数据：

$$\sqrt{1.00 \times 0.25} = 0.50$$

而其算数平均则是 $(1.00+0.25)/2 = 0.675$。对这些加总方式的解释属于实际理论所探讨的范围。

层级集合

层级集合提供了清晰集合与模糊集合的有用联系。从模糊集合 X 开始，我们引进一个层级指数，$\lambda \in [0, 1]$，而且令集合 $Y_\lambda = \{x \in X \mid m_x \geqslant \lambda\}$。用文字表述，即 Y_λ 是从模糊集合 X 中创造出来的经典（双元）集合，其中，部分归属值大于 λ。假设 $X = \{(a, 0), (b, 0.2), (c, 0.3), (d, 0.6), (e, 0.8), (f, 1)\}$，则 $Y_0 = \{a, b, c, d, e, f\}$，$Y_{0.5} = \{d, e, f\}$，因此，$Y_1 = \{f\}$。请留意，当 $\lambda > \theta$ 时，$Y_\lambda \subseteq Y_\theta$，就像前例所见，$Y_1 \subset Y_{0.5} \subset Y_0$。层级集合的用途之一是绘制偶发分配表。以水果集合为例，"常见的$_{0.5}$"与"酸的$_{0.5}$"交互表可以绘成表 2.4。

表 2.4　层级集合所产生的交互表

	常见的$_{0.5}$ = 0	常见的$_{0.5}$ = 1
酸的$_{0.5}$ = 1	0	6
酸的$_{0.5}$ = 0	4	6

第 5 节 | 模糊数据与模糊变量

"几个"是个数值吗？这个词显然包含数据的信息，但是很模糊。它可以用来指涉某些可能的整数范围，其中有些比其他的更接近"几个"。"几个"并不指涉一个整数，它相当不清楚。依据模糊集合理论，像"几个"这种数量词，可以用一个模糊集合使之变得精确。史密生曾提供从 23 个大学生调查得到的数据，以赋予"几个"更精确的意义，如图 2.3 所示，画出归属值的平均数与±2 个标准误（已经截取到单位区间内）。人们被要求在有限的回答范围内，给每个数字一个有数值的归属比率，并且投影到单位区间内。很明显，分布的

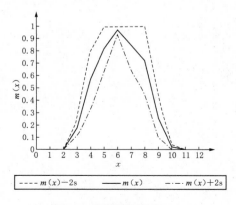

图 2.3 "几个"模糊数据

波峰在 6 之上,依据个人主观的判断,5 到 8 是最符合"几个"含义的数字。以量化答案来理解不确定性的程度是可行的。模糊变量提供了一种把定性的语言转译成定量命题的方法,可以让"高度不可能"这一类用词变得更精确。

这些想法可以一般化为模糊变量的概念。例如,针对青少年性行为的调查问卷可能会问:"你过去一个月有过多少次性行为?"回答项目可能是{没有,几次,多次,许多次},通常的处理方式是,把回答划成几个互相分隔的区间,比如{0, [1, 4], [5, 8], [9, 30]},当然可能有其他解法,这些分析的解决方案能够把定性的回答用比较清晰的方式来量化。此外,我们可以用类似前面创造出"几个"的模糊数据方式来定义各个答案,因此,可以让我们对该问题有一个更清楚的概念。图 2.4 表示,这些回答可以被投影在 0 到 30 的单位区间内而成为模糊数据。这些区间的重叠显示了这些用词的指涉有一定程度的不确定性。

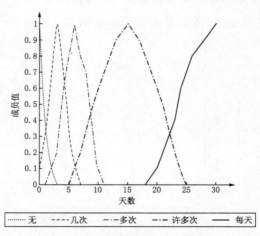

图 2.4　模糊变量"过去一个月的天数"

第 6 节 | **模糊集合的图解**

对任何数据分析来说,可视化都是关键成分,模糊集合的数据分析也不例外。任何数据分析的第一步总是画图。我们将会用常见的优良规范与指引来绘图,先讨论单一模糊集合构成的图像,重点放在集合本身及其数域,然后我们才讨论双向变量图,解释两组模糊集合所属事物归属值的数域。若读者有兴趣,还可参考杰考比与克里夫兰的有用讨论(Jacoby,1997、1998;Cleveland,1993)。由于归属函数是单位区间里的一个数值,我们可以画出其向度。显然,若数域集合更结构化——例如,是数据——则图像分布也就更有结构,就像"几个"所呈现的图像(图 2.3)。在第 5 章中,我们会用点状图来显示一个集合包含另一个集合的情况。

第 **3** 章

测量成员归属

第 1 节 | 导论

　　就像第 2 章里提到过的,运用模糊集合理论时,我们需要做到两点:首先,精确定义数域 X。事物的全集包括什么?这可以包括一些容易列出名单的集合,例如,全世界的所有国家或世界 500 强企业,或是所有小于 100 岁的人,虽然实际上可能还没有这样的名单。其次,对 X 内所属模糊集合的事物赋予归属程度或数值。这个模糊集合究竟代表哪些性质?归属值的等级究竟是什么意义?

　　本章我们主要关注第二项任务。我们将从"成员归属的程度"开始谈,之后回顾模糊集合理论中归属函数运算的要点,然后讨论归属函数的测量性质并且将之与社会科学测量的文献相联系。最后,我们讨论成员归属赋值与归属函数建构的策略,包括较少被注意到的归属赋值里的测量误差问题。我们会用例子贯穿全章来说明重点。弗桂能对本章提及的重点有更详尽的探讨,同时也指出了数域空间不适当所造成的后果。

　　我们要提前指出一点:对所用的集合,谨慎清晰地概念化之是必须的工作。不幸的是,就像阿考克与柯里尔指出的,许多社会科学概念本质上具有争议性是由于缺乏单一且精确的定义(Adcock & Collier, 2001)。这里,举出 3 个来自经济学、政治学与临床心理学的例子,来说明缺乏谨慎的概念化与测量所导致的持续纷争:(1)不同论述的背景观念引出对贫穷与不平等的各种不同概念,选择不同的观点就导致不同的测量(Ravallion,2003);(2)由于对什么是"真正的"民主有不同定义,并且缺乏理论与概念发展的谨慎思考,民主测量的文献总是令人困惑(Munck & Verkuilen,2002);(3)自第一版的《精神症状与统计手册》(*Diagnostic and Statistical Manual*)在半世纪前出版之后,大量的研究成果仍无法解决忧郁、焦虑或精神分裂等重大失常症状的实际认定问题。对于审慎思考测量议题来说,统计技巧并非必须,然而某些技巧比其他的更加适合测量不同选项。因此,本章关注的重点是模糊集合里系统性的成员归属赋值过程的必要条件及必须优先解决的相关议题。

第 2 节 | 建构归属函数的方法

何谓归属函数？就像第 2 章提到的,正式来说,它是在事物所属空间内(可以是量化或非量化)将某种特质 A 投影在单位区间[0, 1]之内的函数:

$$m_A(x): \rightarrow [0, 1] \qquad\qquad [3.1]$$

它是测量某种具备特质 A 的事物 x 成为特定集合内成员的程度的"集群性"指数。它所测量的是"x 是 A 的元素"程度的真实数值。模糊集合允许部分归属于某集合,所以变量可以是部分归属的。例如,在给某个测验打分数时,我们可以划分未通过、半通过与全通过 3 种类型,在"这题的正确答案"之模糊集合中,依序以归属值 0 分、0.5 分或 1 分来表示。

由于一个归属函数对每个事物 x 只能赋予一个数值,一次只能表达一个向量,所以多向量就必须由多集合来处理。整体而言,归属值只是潜在的,不能直接被观察到,而且只能附属于特定的解释脉络。虽然"一眨眼"可以由与模糊集合"漫长等待"的关系来解释,但这个集合的意义只能依赖对数域的认定。在美国邮局用平信方式寄包裹,花 3 周就算漫长等待,但是出高价请快递,花 2 天也算漫长等待。因此,讨论集合的脉络必须越清楚越好。

　　归属程度也需要解释性的基础,这个基础仰赖的是成员归属赋值的过程。例如,要设计一套语言分类方式以表现对某事同意程度的归属数值并不困难,但是对更精致、更多渐进类型的归属程度赋予数值就会更困难。要定义诸如"有点属于"或者"既不在内也不在外"之类的判断性词汇,甚至赋予其数值并确定它们被量化的过程有一致性,那真是难上加难。然而,最令人困扰的关系莫过于那些介于有序等级与量化数值之间的类型。在很多情况下,只要有理论文献或者被其他专家使用过的判断作为依据,把数值 0 与 1 的归属值运用到"从不"与"完全"或"典型"之类词汇时,还算站得住脚。但是如"一半在内一半在外"或者"既不在内也不在外"等某些词汇,如果给个 1/2 的数值,恐怕争议会很大。然而,除非有什么特殊操作化资格的依据,否则比上述区分更细致的问法将更抽象难解。与这种情形相反的状况是对典型赌徒或决策者主观概率的定义,一个事件发生的概率值 p 表示,若事件发生时,当事人可以得到 1 美元,而没事就什么都得不到,则期望值为 p 元。在此定义下,0.4 或 0.5 的概率对决策者预期的报酬来说,有很清楚的意义。

　　即使人们的判断有内在一致性,这种一致性也无法跨越不同个体的主观判断,因此导致了校正的问题。华尔斯腾等人建构了一个主观判断的概率测量等级,然而仍无法避免不同主体间实际认知的变异,由于置信区间非常宽,他们也不建议取平均以求出共同认定的等级(Wallsten et al. , 1986)。这表明,主观归属值的认定不具有可比较性,因此,他们无法将标准化文字的意义校准为一致的刻度。

尽管我们在直觉上可以认知模糊性的概念与归属程度，在查迪 1965 年的经典之作发表几年后，人们仍然感到困惑，直到最近才日渐清晰。确实，对于归属程度，现在有好几种杰出的而且可变的定义。运用史密生等人所提出的类型学，我们可以把这些解释方式分为 4 类，每一类都适用于某些特定的研究目的(Smithson, 1987:78—79; Bilgiç & Türkšen, 2000)。

第一类可称之为"形式化解释"，也就是纯粹用数学概念处理归属函数，把潜在的支持变量投影到归属程度上。这些变量通常有不同的来源：主观判断的认定、间接度量/测量的模型或者是客观变量的测量等。许多模糊集合理论家自己就是形式化模型的使用者，同意使用 0 到 1 区间或者其他的归属范围，然后再用一个平滑的函数定义前述变量所有区间的归属值。

案例 3.1：人类发展指数

相对于人均国内生产总值(GDP)或者能源消耗这两种常用的发展指标，联合国发展总署(UNDP)人类发展指数(HDI)旨在创造一个更广泛、概念上更丰富的发展程度测量(UNDP, 1999)。人类发展指数的设计者们将最高层次的发展概念划分为 3 种成分，即经济、健康与教育。人类发展指数隐而未显的向度之一，正是它可以被当成一个模糊集合。

为了结合这些人类发展指数的成分，每个成分都必须被给予一个普遍的比值并且选定单位区间。此外，设计者们相信，用这个指数某个特定区间的上端与下端，可以显示从未发展到已完全发展之间的重要关键点。一国要是达到区间上端，可以被视为这些成分完全发展，一国如果掉到底端附近,则可以被视为这些成分完全低度发展。区间两端之间的变异数是重要的,但落到两端之外则没有太大意义。这与我们在第 2 章讨论的贫穷线情况大致一样。表 3.1 显示了指数的成分、用来测量成分的指标、上下区间与给每种成分设定归属值的计算公式。

表 3.1　人类发展指数成分的归属值设定范例

成　　分	指数	低区间	高区间	区间之间的归属值
经济:是否能活得体面?	人均 GDP (PPP)	100 美元	40000 美元	经济 = $\dfrac{\log(GDPpc) - \log(100)}{\log(40000) - \log(100)}$
健康:是否能活得长久而健康?	初生预期寿命	25 岁	85 岁	健康 = $\dfrac{\text{预期寿命} - 25}{85 - 25}$
教育:有知识文化?	成人识字率与总入学率	0%	100%	教育 = 2/3 成人识字率 + 1/3 总入学率

　　形式化研究者并不重视"归属程度"如何赋予数值或任何预设建构的度量过程。以人类发展指数为例,设计者使用的是线性过滤法,但他们其实也可以用其他平滑的单调函数。相反,预期寿命函数可以用 logistic 函数:

$$m_H(x) = 1 / [1 + e^{-a(x-b)}] \qquad [3.2]$$

此处,a 是斜率,b 是 $m_H(x) = 1/2$ 时的预期寿命。假设 $a = 0.1$ 且 $b = 55$ 时,曲线如图 3.1 所示,那么,线性过滤法与 logistic 归属函数都会通过 $m_H(55) = 1/2$ 这一点。其实,线性过滤法与 logistic 函数是相当类似的。确实,它们高度相关,任何合理的单调函数都会高度相关。形式化研究者需要一些实证或者理论的标准,才能在一群彼此高度相关的函数之间,选择一种最好的转换方式。如弗桂能注意到,正式模型转换途径的主要问题是,可能的转换函数无限多,但其中特别适当的选择并不明显。然而,转换方式又是赋予归属数值最重要的成分,无论其估算的基础是怎么得来的。

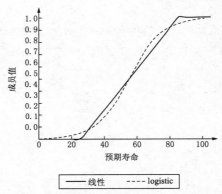

图 3.1　线性过滤法与 logistic 归属函数

　　第二类是所谓的"概率化解释",也就是以概率为基础,赋予归属程度。最直观的方法就是将事物 x 在集合 A 的成员归属值等同于 x 属于 A 的概率。这个概率可以来自单一判断的主观评价,也可以来自另外两种方法——第一种是把"x 属于 A"的人在样本中的比例当成归属值;第二种是把"x 在一定程度上属于 A"的人在样本中的比例当成归属值。

　　这种解释方式有时又叫做对模糊归属的"随机集合"观点。如果在前述"几个"的模糊集合里,4 次被赋予 0.7 的数值,那么,调查人员对选择 4 次的解释是:70％的受访者认为"几个"应该是指 4 个。随机集合对 0.7 的解释是,在从 4 到 7 的数值区间里,认定"几个"是 4 个的人有 70％。虽然很多模糊集合研究者排斥归属程度的概率化观点,但在某些案例里,随机集合观点还是具备高度一致性与解释上的优势。在第 5 章,我们将讨论决定子集关系的固定包含途径法,并对随机集合提出自然的解释。

当然,形式化与概率化的想法可以用概率分布转换为归属函数的方式加以合并。有研究者根据既有人口与各相关变量(例如,收入)的累积分布函数(CDF),设计了一个贫穷线的模糊归属函数,他们根据一个原始估计值(x_0)的瓶颈来定义 0 类(Cheli & Lemmi, 1995),其归属函数为:

$$m_P(x) = \max[0, (F(x) - F(x_0))/(1 - F(x_0))] \quad [3.3]$$

此处,$F(x)$ 是 x 的累积分布函数,该公式可以应用到任何有累积分布函数的变量上,而且事实上,这是个截断的累积分布函数。这个取向的推广性是可以想见的。

对概率化解释的推广者(Hisdal, 1988;Thomas, 1995)而言,他们认为,归属等级就跟主观概率一样,反映了知识的不完善与/或分类上的误差,这也就暗示了,在完善的知识与无误的分类下,模糊归属的等级根本不会存在。反对之说则认为,对归属等级的判断根本不需要从不完善的知识或者误差而来,事实上,值得信赖的专家就可以预测之。比如,与新手相比,那些可以分辨"暖"绿色与"冷"绿色的艺术家们知道,前者其实含有少许红色,他们根本不用冒险猜测结果。同样,一个在测验中获得部分成绩的学生通常也拥有部分相关知识,这不是赌来的结论;在缺乏更完整信息的情况下再次参加考试时,这个学生极有可能仍重复答对与答错的部分。

第三类是赋予归属值的决策理论观点。在这个取向中,成员归属程度取决于宣称 x 属于 A 所得到的效用（代价），这当然与 x 属于 A 的真实程度相关（Giles，1988）。决策理论观点的早期版本是与概率论的信号侦测理论（SDT）相结合的，其中，预期 x 属于 A 相对于 x 属于 $\sim A$ 的效用与 x 值或背后相关变量的命题共变。无论是效用论或者信号侦测理论的架构，都把"少许"或"几个"之类的标签当成从一个卷标组合（通常是有限数量）里选出来的。因此，这些架构可以运用到那些真正做决策的例子上（例如，是否发布警报或者应该把看到的数量称为"少许"还是"几个"）。这背后的假定不是我们只有有限的知识，而是只有少数的选择。就像形式主义者一样，决策理论观点把效用等级的来源问题放在一边，而寄希望于得到建构效用等级的方法。

第四类学者来自那些把归属值看成公理测量理论议题的人（Krantz，Luce，Suppes & Tversky，1971；Michell，1990）。根据公理取向，我们应该可以把归属数值的设定量化为极小的数点。

这个取向的重点在于认为量化结构的归属等级可以拆解成质化公理条件的集合，并且能够也应该以实证方式呈现，以下是一些例子。华尔斯腾等人的研究为模糊集合理论竖立了黄金标准，因为公理方法被用来呈现主观符合某性质的等级比率，可推导出的归属值（Wallsten et al.，1986）。弗桂能提出了一个使用 Bradly-Terry-Luce（BTL）模型转换的简单案例，在一些医疗职业之中，根据声望作为选择的判断，在"有声望的医疗职业"的模糊集合上形成了一个归属函数。这个由 BTL 模型产生的偏好等级有一个公理基础：在模型配适后，它满足一个强效用等级的公理，并且产生事物的等距比率。最近,有学者研究介绍了在模糊集合的脉络下,使用比较法与主观比率等级产生归属值的办法(Marchant,2004a、2004b)。最后,有研究者从公理测量理论的角度阐释了认知模糊逻辑模型(FLMP),在认知模糊逻辑模型来看,受测主体所提供的是在一群集合里对归属值的直接评价,这可以用来产生对选择的预测。该研究显示,FLMP 模型与 BTL 模型是相同的,差别仅在于,主体提供的是等距数值而非选择。

计量心理学与公理化测量之间的关联性似乎在本书中被加强了。一方面,计算能力追上了检验测量公理时极端严格的需要,已经能为杂乱信息里的代数/决定论的测量模型提供理性而有概率基础的检验。另一方面,与依赖数据的拟合度检验相比,公理化方法往往能提供更犀利的不配适模型指数。例如,著名的 Rasch 或者单变量 logistic,或项目反应理论模型(也就是数学上与 BTL 相同的模型)都符合共生测量公理,因此可以产生等距的信息。在 Rasch 模型的脉络下,主观与项目式的推论都可根据公理条件而获得改进(Karabatsos & Ullrich,2002)。在这个领域中,超越早期简单研究的进一步发展将很有帮助。

所以在上述 4 个取向——形式化论、概率化论、决策理论与公理方法——中,哪些是比较正确的呢? 我们认为,上述 4 种都不完全正确。如果研究者的问题比较接近决策理论的问题,那么决策理论的工具可能比较相关。此外,如果我们想要对归属函数提出某种特殊的计算方式,公理化测量可能是最佳的观点。总之,我们认为,对每种方法抱一种普遍的怀疑态度并审慎选择才是健康的治学态度。同时,研究中有机会合并使用多种取向。

第 3 节 │ 模糊集合所需的测量特质

　　在模糊集合中,成员归属的诠释具变异性,而且从测量的性质来看,在归属函数的拟合度变化极大的条件下,我们应该思考我们所用假设的脆弱程度,并且妥善运用模糊集合。虽然从统计显著性来看,在清晰的结论与强烈的假设之间,往往必须作出取舍,但我们应可以考虑少数或/且较弱的假设。

　　"极小化派"归属赋值的方法采取类似{0 = 必然非成员,可能的成员,1 = 必然是成员}的作法。中间程度成员归属(因此有模糊性)的案例则依赖事物的比较(例如,x 与 y),如判别 x 是否比 y 更接近于集合 A。假设这比较中有 3 个样本,其不平等的排序为 $m_A(x) > m_A(y) > m_A(z)$,则归属值可能出现在 0 与 1 之间,这就使 A 成为一个模糊集合。

　　或许让人感到惊讶的是,多数模糊集合可以有效运用某种极小化赋值法,我们仍可运用模糊并集与交集的极大或极小运算。概率化观点与决策理论观点则导致拒绝使用极大与极小运算公式的结果(Hisdal, 1988)。由于公理化测量架构采取归属值(公理)的质化条件,因此必须用极大与极小计算公式(例如,Bollman-Sdorra, Wong & Yao, 1993;Yager, 1979)。然而,相对于其他强大到足以产生等距或数率的测量的集合运算(如累加方式),采取极大—极小计算公式未必有利,反之,极大—极小公式最适合定序的数列。

余集的计算更有问题。概率化与决策理论的观点依赖于对余集的标准定义:$m_{\sim A}(x) = 1 - m_A(x)$。更有甚者,某些测量学者不正确地认为,数值比率在缺乏[0,1]之类的固定区间时,将无法形成余集。然而,史密生指出,即使没有固定区间,在定序归属值下,只要有一个被接受的中立点(q),就足以支持一个余集的“镜像”定义(Smithson,1987:86—88)。x 镜像是 $2q-x$,因此 $m_{\sim A}(2q-x) = 1 - m_A(x)$。极小化论者的赋值是 {0 = 必然非成员,可能的成员,1 = 必然是成员},即使不给“可能的成员”赋值,也可计算出余集。

在有明确定义归属函数的模糊集合之间,比较可能还没问题(如果有人愿意建立或假设其可比性),但在不同归属数值形态之间的模糊集合进行比较就异常困难。归属值测量依赖同一集合内事物的比较,以判别 x 是否比 y 更接近于集合 A。相对而言,性质排序是根据不同集合之间对相同事物的比较,亦即相对于集合 B, x 是否更接近于集合 A。如果我们无法建立性质排序,则无论集合 A 或集合 B 的归属函数层级有何关系,集合 A 与集合 B 内的归属程度根本是不可比较的。

如果集合间使用同样的度量标准,则在性质排序时,往往简单假设彼此之间的归属值相等,即使在某些情况下,这个假设是有争议的。除非(且更常见的)我们在比较时必须给定不同集合之归属层级的同一个排序。如果我们是比较“苹果”的某个向度与“橘子”的另一向度,共同排序可能极为困难。我们将在第 4 章与第 5 章继续讨论这些议题。然而,这一节的重点在于,模糊集合的架构会迫使研究者在测量的性质上作出选择。最后,我们还是要决定,在集合里的是什么? 什么要排除到集合外? 有哪些是既非集合内也非集合外的? 如果要给归属赋值一种度量,那么,对完全归属、部分归属与非成员的部分,都必须同时建立依据此度量的标准。

第 4 节 | 归属函数的测量特质

我们该如何决定归属函数的测量层级？模糊集合的研究者曾运用的层级从定序(独特与单调转换)、绝对值到单一的都有(Bilgiç & Türkšen, 2000)。模糊集合与社会科学共享这种多样性，其变量的测量性质仍然引起争论(Michell, 1997)。因篇幅有限，我们无法回顾这些争论，但若读者想了解这些争论，可以通过使用模糊集合来掌握测量议题。

数据理论里有一个核心重点值得在此强调：从没有一个测量层级明显附属于一个变量。相反，对每个特定议题来说，测量的层级总是要经过调整，才能符合其情境。确实，在社会或心理研究中，即使是完美定义其物理意义的定比层级测量(例如，反应时间或电量)，也未必能够与感兴趣的行为产生明显的联系。例如，国家财政税收占收入的百分比——经常被用来测量国家能力——有时被当成是一个"明显的比率"测量的例子，但是谈到 0%(索马利亚)与 10%(巴拉圭)是否与 30%(西班牙)及 40%(意大利)相等，在国家能力的概念上，我们实在很难说它们具有同样差距(Lieberman, 2000)。从真正的国家能力来看，第一组的差别是从没有到可能足以巩固，第二组的差别可能只是税收政策稍作改变而造成的。

　　总之,观察数据与概念变量之间的关系,通常依赖研究者的界定,这是研究者的义务。弗桂能注意到,数据与概念变量的关系经常被"越多(少)越好"的观点所主导,即数据与概念的关系是单调的,而且"刚刚好",亦即在数值之间,总是找得到理想定点,使归属程度从最高点开始下滑。此外,多数模糊集合的运用都隐含着效果递减的想法,在接近两极(0与1)时,归属值上升或下降的变化应该相对减缓。

　　什么样的测量性质可以界定一个归属函数,以超越前述的简单必然性? 对某模糊集合 A 来说,任何事物的群集$\{x_1, x_2, \cdots, x_k\}$都可以依据对 A 的归属程度来排序,所以:

$$m_A(x_1) \leqslant m_A(x_2) \leqslant \cdots \leqslant m_A(x_{k-1}) \leqslant m_A(x_k) \quad [3.4]$$

如前文所述,我们必须严格定义其中两个不平等,也就是说,必须有 x_h、x_i 与 x_j,令 $m_A(x_h) \leqslant m_A(x_i) \leqslant m_A(x_j)$。

　　此外,归属函数应该有两个终端,分别代表完全归属与完全非归属。此时,我们已经移到更高水平的、或许是被标准教科书忽略的测量:在 0 与 1 之间的排序。在这个情况下,我们可以定义:

$$0 \leqslant m_A(x_1) \leqslant \cdots < m_A(x_i) \leqslant \cdots \leqslant m_A(x_j)$$
$$< \cdots \leqslant m_A(x_{k-1}) \leqslant m_A(x_k) \leqslant 1 \quad [3.5]$$

　　对每个 x_i 来说,如果我们让 $m_A(x_i) < 1/2$ 或 $m_A(x_i) \geqslant 1/2$,则我们还是能得到一个比较结构性而非简单的定序度量。在第 4 章,我们将运用一个包括非归属者、近乎非归属者、近乎完全归属者与完全归属者的归属函数。如果我们能界定一件事物 $x_{neutral}$,令 $m_A(x_{neutral}) = 1/2$ 且该模糊集合是常态的(也就是最少有一件事物的归属值为 0,另一件为 1),我

们将会更有结构性。总之，从对事物归属值的一个微弱定序开始，随着我们认定越来越多事物附属的归属程度数点，我们也将可能的归属值限制在更细致的层次上。

从或多或少在被限制的准排序度量朝真正量化的归属函数转换，需要非常强的假设，尤其是诱导方法或是以实证为基础的度量技巧，这些并没有超越社会科学的传统测量或是度量建构模型的范围，主要的差异在于对完全归属、非归属及/或中立点界定其度量基准点。这并不代表获得真正量化的归属函数很简单，然而，经常发生而且更直接的是，在既定的运用时，对变量的可能范围采用敏感度分析，以显示归属值在遭到扰乱时也不会改变。确实，在控制系统理论对模糊集合理论的运用上，这是很广泛的操作方式。这种做法的缺点在于，因为没有增加任何效度，这种度量可否推广到其他运用方面尚存疑。

对成员函数的最直接的操作方式是在界定终端的同时，使用一种既有支持变量的性质。如果我们以界定两边终端的方式把单一变量投影到归属值上，就可以插入介于其间的归属值。事实上，这正是线性过滤法所做的，两个终端中间数据的插补用的是一条线性函数，人类发展指数的例子就完全奠基于这种方式。尽管线性过滤法经常运作良好，而且又有精简的优点（就像 logistic 函数所显示的），但我们事实上可以选择不同的插补函数。如果我们愿意界定中立点或者其他内部参照点，也可以使用分段插补函数，例如，分段线性或者三次方程，视我们希望得到的函数的平滑程度而定。参照点为控制插补函数的形状提供了更多的信息。

基于数据收集的方法，我们可能获取更多有关排序本身的信息。在收集数据时提供实际的多余信息，就可能允许对效度的互相检定与模型配适（Coombs，1951）。假设排序性质允许人们检查回答是否为定序的方法提供了有用的工具，同样的原则也适用于更高层次的测量。确实，这正是公理测量理论所探讨的，测量模型通常允许假设检定并且"提升"定序测量到更高的层次。这种方法包括在喜好与能力测试中，使用项目反应理论方法和适合态度测量的更弹性化的模型（Rossi，Gilula & Allenby，2001）。事实上，所有的方法大多引用 probit 模型或 logit 模型，用一个相应于定序分类的等距潜在连续值去估计"瓶颈"数值。如果我们有标准来指定一定的瓶颈，如非归属、中立、且/或完全归属的截点，我们就可以用线性过滤法或者适当的曲线来插补归属值。总之，从主观判断到直接赋予归属值、间接度量的方法（例如，项目反应理论模型或最适度量），再到基础测量法，计量心理学与度量技巧的方法仍是开放的。

第 5 节 ｜ 成员归属定义的不确定性估计

"我们应该在括号里放些什么？对完善的计量经济学来说，最基本的原则就是，每个认真的测量都值得加上一个标准误。"（Koenker ＆ Hallock，2001）除了模糊性与概率之间令人困惑的关系以及对归属函数性质的不同意见之外，在操作意义上，很少有人留意到应该对归属函数提供不确定性的估计，这是个很严重的缺失。对任何类型的测量来说，我们没有理由相信归属赋值没有误差，而且提供误差程度是研究者的义务。模糊集合理论的发展一直缺乏误差的正式理论，这是因为在工程学上，通常可以用许多测试去显示机构运作的妥当性。不幸的是，经验科学家的关怀没有得到重视。

其实有许多可以使用的技术，但我们没有足够篇幅来详细介绍。即使没有办法在所有情况下提供统计分析的正式工具，但在某种形式上，所有赋值方法都应有不确定性的估计。若无法得到不确定性，一个包括模糊集合技巧的分析将是不完整的。我们将着重说明两个案例。第一个例子使用的是敏感性测试，这个例子用的是 4 个度量上的单一判断数值组合而成的测量。这种战略是有用的，因为它可以被运用于任何情况，即使是单一判断得到的直接数值也行。第二个例子是在把录得的附加数值投影到单位区间之内时,用自举抽样法对归属赋值逐点提供误差值。然而,我们应该留意的是,任何赋值的技巧都内含误差。如果我们使用一个多元指数测量模型,如最大拟似因子分析或者多重项目反应理论的技术,当然就可以对赋予数值计算出信赖区间,这个数值也可以转换成归属值的信赖区间。就算是某些直接诱导方法,如"回旋梯法",也能产生不确定性估计(Tversky & Koehler,1994)。

敏感性测试

对一条归属函数的测量提供精确性的方法之一是运用敏感性测试,这是一种实验设计,用来显示输入时的干扰为结论带来的可能差异(Saltelli, Tarantola & Campolongo,2000)。在没有其他不确定性估计的来源(例如,多重测量或者包括多余信息的数据收集策略)时,这种方式特别有用。如果归属值有某种来源,比如某专业判断,那么,敏感度测试就能够为假设使用这些评价后产生多少不确定性提供一个大致的概念。我们将着重讨论一个专业评价下的归属值,不过这并非此技巧唯一的运用方式。相对于多种指数值,阐明一种给归属赋值的指数函数的敏感性也很有价值。

敏感度测试的基本构想是阐明当我们考虑不同的输入方案时,输入某个特定的数值将会对结果造成多大变异。假定以一次既定评价为基准,一个评价或许系统性地偏高,另一个评价或许系统性地偏低。在接下来的应用案例里,我们不会有这些评价,但我们会模拟之。在多数归属赋值的任务中,从基准来看评价误差有 4 种选项:(1)系统性偏向 0(严苛认定);(2)系统性偏向 1(宽松认定);(3)朝两个终端偏误(极端认定);(4)朝中立点偏误(模糊认定)。

表 3.2 列出了系统性修订这些赋予归属值的 4 种偏误类型的几种常见的转换方式。将这些转换方式应用到基本的归属赋值,我们就可以用标准描述统计来产生逐点的柱状误差范围。但必须小心,真正的评价从来就不是一致的,所以有些随机误差是正常的。同样,我们也不认为表 3.2 中列出的转换方式就是必然的做法。转换方式必须依据特定问题来打造,更重要的是,作为基准的评价很可能既不可靠也不有效,所以,敏感度测试也不是真正研究可重复性的替代品。然而,在可重复性不存在时,敏感度测试提供了一种获得不确定估计的手段。

案例 3.2:选举民主指数的敏感性分析

民主程度指数数不胜数(Munck & Verkuilen, 2002),其中之一——选举民主指数(Munck & Verkuilen, 2003;UNDP, 2004),正是以模糊集合为基础的。

选举民主指数是一个从 4 个成分得到的组合指针,每个成分都来自专业评价。这 4 个成分是普选权(S)、执政权(O)、自由权(F)与清廉权(C)。S 指所有成人都有投票权,O 指有决策权力的官员(行政与立法)都必须被选举,F 指组织政党竞争与结社的自由,C 指计票公平且选举过程不被操纵。这些指标的赋值是由一组严格界定的编码规则进行的。我们将在第 6 章讨论这些成分如何组成前述指标。

表 3.2 敏感度测试的一些有用的转换公式

转换方式	函数	指数	对 m 的效果	与基础相比/附注
0. 身份	$\mathrm{identity}(m) = m$	—	对 $k=1$；所有转换都变成身份	与原来相同
1. 集中	$\mathrm{conc}(m) = m^2$	$k>1$，常为 2	使所有 $[0,1]$ 同归属值偏低，终端值不变	系统性趋近 0，严苛认定
2. 扩散	$\mathrm{dil}(m) = m^{1/2}$	$k>1$，常为 2	使所有 $[0,1]$ 同归属值偏高，终端值不变	系统性趋近 1，宽松认定
3. 相对密集	$\mathrm{cintens}(m) = \begin{cases} km^2 & (m<0.5) \\ 0.5 & (m=0.5) \\ 1-k(1-m)^2 & (m>0.5) \end{cases}$	$k>1$，常为 2	数值 >0.5 渐大，数值 <0.5 渐小，两端 0.5 不变	系统性趋近两终端，极端认定
4. 相对分散	$\mathrm{cdiff}(m) = 2m - \mathrm{cintens}(m)$	$k>1$，常为 2	数值 >0.5 渐小，数值 <0.5 渐大，两个终端与 0.5 不变	系统性趋近中立点，模糊认定
5. 等距挤压	$m' = \mathrm{squash}(m) = 0.5u + (1-u)m$	$0<u<1$，常为 0.05	将归属值重设于 $[u/2, 1-u/2]$，系统性挤近 0.5	将两终端挤进 $(0,1)$ 以便运用其他转换方式
6. 等距分散	$\mathrm{expand}(m') = (m'-0.5u)/(1-u)$	与挤压相同	效果与挤压相反	用来还原同距，将终端扩张到 $[0,1]$ 外以裁减极端值

为了让终端通过转换公式趋近，我们用表 3.2 里 $u =$ 0.05 的转换公式将所有评分等距挤压进[0.025，0.975]的范围内，完成后，我们又把数值扩张回[0，1]，此时，任何不被允许的数值，如 1.05 或 −0.1，都被裁减进此范围。我们也用表 3.2 的转换公式去调整所有成分的基本计分，原来是根据为 5^4 个因素分类，也就是由 625 项不同评价的组成转换而来（其中之一是基本评价）。这项设计是将依赖不同成分且各有不同偏误的专家评价扩展开来。例如，某个评价可能是对 S 的严苛认定，但在 O 方面却是宽松认定，并且 F 与 C 只适用基本评价。我们用定序统计来产生柱状误差范围。图 3.2 使用了 5％与 95％的误差，显示了 1960 年、1977 年、1985 年以及 1990 年至 2002 年间，巴西实际选举民主指数值的可能范围。这些柱状范围包含了 90％的模拟数值。由于上述误差范围是根据定序统计而来，与平均值拥有标准误算出的置信区间不同，所以它们并非总是系统性的。

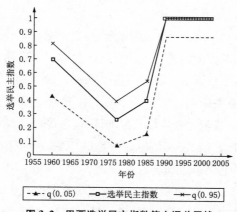

图 3.2　巴西选举民主指数值之误差干扰

测试转位与自举抽样

在归属程度依据样本估计而来（例如，分位点转换）的情况下，归属函数两侧的柱状信赖范围是可以估计的。另外，自举抽样也是一种代替品（Efron & Tibshirani, 1994）。自举抽样是从原始数据库中抽出替换样本，并且可以随意重生无限多的数据库。然后，新的分位点与标准差就可以用常见的统计程序来运算。无论用哪种方式，把归属函数当成随机变量是与置信区间取向相容的。

案例3.3：模糊集合"暴力犯罪倾向"命题的信任带

以下范例是根据"全美逮捕"数据库中R统计软件内含的样本所计算的暴力犯罪统计而得来。我们不讨论细节，但鼓励读者尝试自行分类。相关样本汇集了1975年度联邦调查局（FBI）收集的美国50个州的3种暴力犯罪——谋杀、强暴与伤害——的逮捕报告数据。我们希望创造一个模糊集合，称之为"暴力犯罪倾向"，简称"VCP"。

首先，我们定义暴力犯罪指数为3种犯罪率（谋杀、强暴与伤害）标准评分的平均数。我们认为这样做有两点站得住脚。第一，虽然谋杀比强暴少得多，强暴又比伤害少更多，但罪行的严重性使得它们等量齐观仍有道理。我们调整过原来3种成分数值之变异量的标准评分，不像联邦调查局的未加权犯罪指数，后者仅是逮捕数据的加总，忽视了罪行的严重性，结果把谋杀跟伤害混在一起。第二，两个指数的相关系数是0.56或者更高，因此，依据可信度理论的传统，我们的估计方式是合理的。暴力犯罪指数的平均数被调整为0，同时，我们将标准差标准化为1。我们用方程3.3，即累积分布函数去创造归属值。请注意,由于没有真正的 0 值,也就是没有无暴力犯罪的州,因此,这个赋值会创造出一个低于常态的模糊集合(选择一个更低的截点就可以使集合常态化)。

　　为了获得犯罪统计所带来的不确定性,我们用两种不同的技巧,一种是根据经典统计测试,另一种是根据自举抽样方法。首先,我们用反向 Kolmogorov-Smirnov 测试去创造累积分布函数的柱状置信范围(Conover,1980)。这种测试被认为缺乏效率,并且能创造出比较宽的置信区间。其次,我们从 50 个原始数据里产生 1000 次自举抽样样本,每个样本从小到大排序,50 个州的归属值评分为 $q0.025$ 与 $q0.975$。最后,从每个评分的集合中算出一个累积分布函数,$q0.025$ 符合上区间而 $q0.975$ 符合下区间。

　　图 3.3 显示了两个集合的置信区间。请记住,自举抽样获得的信任区间远小于反向 K-S 测试。测量抽样误差对后续分析的影响,在计算过程中将取代归属值上下两端的估计并且阐明结论将如何变化。

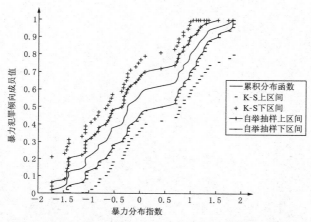

图 3.3　反向 Kolmogorov-Smirnov 测试与自举抽样方法之误差

第 **4** 章

模糊集合的内在结构与特质

　　过去 30 年来,多学科的发展已经证实了内在分类结构分析的潜力。从 20 世纪 70 年代开始,认知心理学家持续认识到,自然认知的分类拥有复杂的内在结构,某些心理学家对心理学理论的范畴提出了类似的看法。布若顿(Broughton,1990)认为,模糊集合对个人心理学研究的组织与评估,尤其是对个人评估工具与改进异常症状很有用。赫若维兹与马卢则认为,"忧郁"应该被当成一个模糊概念(Horowitz & Malle,1993),就像瓦特豪斯、文与费恩(Waterhouse, Wing & Fein,1989)对自闭症以及薄瑞许对心力交瘁症的看法(Burisch,1993)一样。此外,社会科学家也开始在他们的理论与研究框架里持续强调分类的复杂性与易变性。例如,拉津将拉扎斯菲尔德对"特质空间"的概念加以概括,形成了多个延伸命题(Lazarsfeld,1937),从原先的清晰集合推向了模糊集合的版本。

　　由于清晰集合里的归属程度被限定在 0 与 1 之间,我们对它们的内在结构也就无可置喙。通常面对绝对的(成员数量)或相对的(例如,与其他集合比较)集合时,我们局限于讨论集合的势(规模)。然而,介于之间的归属程度能使我们对分类结构提出许多新的观点并加以分析甚至量化。这些观点可以与社会科学里的许多有用的概念连结起来。在这一章中,我们将从对模糊集合的势的简短回顾开始,然后探讨模糊集合的概率理论,最后阐明如何测量一个集合的模糊性。

第 1 节 | 集势:模糊集合的总量

相对于清晰集合,模糊集合的集合规模或势的概念既丰
富又有问题。它较为丰富,是因为如我们将讨论的,我们将
使用多种集势;问题则主要出在对归属规模的测量方式上。

数值势是对经典(清晰)集合的一种概化。对一个可量
化的归属比率(即无论是绝对值还是一个比值)而言,数值势
是归属程度所有元素的加总。对任何量化的变量而言,这是
评价的加总。然而,与多数量化变量相比,对集群的势的解
释,使得加总的概念与集合规模的关联更为密切。对数值势
性质的解说将澄清这一点。我们令 $|A|$ 代表 A 集合的数值
势,将之定义为:

$$|A| = \sum_{i=1}^{N} m_A(Xi) \qquad [4.1]$$

$m_A(Xi)$ 是 Xi 在集合 A 内获得的归属程度值。设 A 的补集
的归属值 $m_{\sim A}(Xi) = 1 - m_A(Xi)$,根据势的必然性,$|A|$ 就
服从下列性质:(1)对任何集合 A 或集合 B 而言,对任何一个
事物 i,若 $m_B(Xi) < m_A(Xi)$,则 $|B| < |A|$。(2) $|\sim A| =
N - |A|$。也就是说,$A$ 的集势与其补集加起来是 N。(3)对
任何集合 A 或集合 B 而言,$|A \cup B| + |A \cap B| = |A| +
|B|$。也就是说,两个集合的并集与交集的势加起来,等于

两个集合的势本身相加。(4)对任何集合 A 或集合 B 而言，数值势的直积定义为 $|A \times B| = \sum m_A(Xi) m_B(Xi)$。若 A 与 B 在统计上互相独立，则 $|A \times B| = |A| \times |B|$（但反之不成立）。

数值势可以被转换成比率势，即 $\|A\| = |A|/N$。其性质与概率类似，前三条规则与概率的性质相同，但第四条规则缺乏概率的反之亦然特性：(1) $0 \leqslant \|A\| \leqslant 1$。(2)对所有 i，当且仅当 $m_A(Xi) = 0$ 时，$\|A\| = 0$；当且仅当 $m_A(Xi) = 1$ 时，$\|A\| = 1$。(3)定义 $\|A \& B\| = |A \times B|/N$ 与"条件"势 $\|A \mid B\| = \|A \& B\| / \|B\|$，我们可以得到 $\|\sim A \mid B\| + \|A \mid B\| = 1$。(4)若 A 与 B 在统计上互相独立，则 $\|A \& B\| = \|A\| \times \|B\|$（但反之不成立）。

然而，比例数值势还在其他方面与概率的性质大不相同。例如，$\|A \mid A\| \leqslant 1$，但 $P(A \mid A) = 1$；$\|A \mid \sim A\| \geqslant 0$，但 $P(A \mid \sim A) = 0$。这两个偏离概率的性质都是因为中介归属值未必互斥而且加起来不必然等于 1，但概率必定如此的缘故。当然，对清晰集合来说，比率数值势就等于概率。

等距层次测量的集势

当归属值不是一个绝对值或者比率时，数值势就会出现很大的问题。让我们先从没有完全归属或非归属基础值的等距归属值为例来说明之。与比较任何等距数值的平均数一样，我们仍然可以比较这类不同集合的"规模"。然而，此处势本身的意义就不清楚了，因为数值势的性质(2)与性质(4)及比率势的性质(1)、性质(3)与性质(4)，并不符合归属值线性转换的规律。

　　然而,如果我们有一个完全归属与非归属的区间值,这多数性质就可以被等距评价所克服。典型的例子是,当我们用一个截点来决定一个分类里的最小合格归属值,而该分类的等距评价也有一个上限时,这就使得原先的数据适用于线性过滤法。

　　令 X_n 为非归属值的区间值而 X_f 为完全归属的区间值,若对任何介于 X_n 与 X_f 之间的 X 值,$m_A(X)$ 是一个 X 的线性函数,那么,我们就可以定义一个新的归属函数并且获得 $\|A\|$ 值:

$$m_A^*(X) = (X - X_n)/(X_f - X_n)(X_n < X < Xf)$$
$$= 0(X < X_n)$$
$$= 1(X > X_f)$$

[4.2]

所以,如前所述,我们可以得到 $\|A\| = \sum m_A^*(X)/N$。

　　案例 4.1:攻击性行为评分

　　研究者抽取了 89 个 8 岁到 14 岁儿童的样本与被介绍到精神科诊所的另一群儿童的样本,对其儿童行为评价表(CBCL)的攻击性行为分项评分进行比较。CBCL 的攻击性行为评分是由父母亲所记录的过去 6 个月内,儿童产生打架、争吵与其他类似行为的频率,其数域在 0 到 40 之间,这个评分有一个 20 分的"就诊底线"。

　　图 4.1 的上图呈现的是线性过滤的过程。19 分以下是完全非归属的底线截点(所以,20 有一个较低程度的归属值),而 30 是在此模糊集合里"就医程度攻击性"完全归属的

截点。图 4.1 的下图呈现了两个样本的 CBCL 数值。

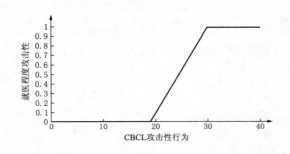

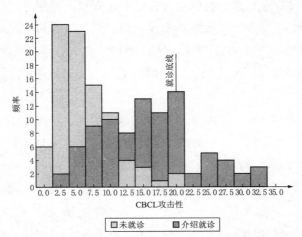

图 4.1　就医与一般样本之 CBCL 攻击性分配

　　我们使用 20 的就诊底线定义"就医程度攻击性"的清晰集合。在 89 个一般样本里,有 2 个在这个集合内,而被介绍就诊的 89 个儿童里,有 22 个属于这个集合。另一方面,如果我们用线性过滤法定义这个模糊集合,那 2 个超过就诊底线但没有被介绍到诊所的儿童的归属值就不是 0,而是 0.09 与 0.18,集势只有 0.27。然而,被介绍就医的群体包括高攻击性的儿童，集势高达 11.93。这两个集势之间的比值是 44.19(11.93/0.27)，与清晰集合运算得来的 11(22/2)相去甚远。把集合内"就医程度攻击性"儿童的归属程度纳入计算，可以在维持个数计算的概念外，凸显两个样本之间更真实的差异。

定序层次测量的集势

等距层级取向的算法可运用于任何包括等距分层信息的潜在变量所衍生出来的定序评价。例如第 3 章里所提到的，我们可以用定序变量去建构 Rasch 评价。如果我们希望将这个评价转换成对应的归属值，则可以按照前述方法建立数值势。

即便是完全定序的评价，我们通常仍可以获得关于势的有意义的命题。在任何模糊集合中，最模糊的差异就在该集合的非归属、可能归属与完全归属者之间。可能归属构成了集合的模糊核心。例如，一组数据中有 120 人自称是"未吸烟者"，另有 20 个"已戒烟者"、40 个"尝试戒烟者"与 30 个"吸烟者"，模糊核心就是 20＋40 ＝ 60 个人，吸烟者数目的下限与上限分别是 30 与 20＋40＋30 ＝ 90 人。

如果我们将模糊核心的分类在那些较偏向归属与较偏向非归属成员之间作出区别，那么会使得集势的上下线缩小。假设我们决定，"已戒烟者"比较接近非归属成员（＜1/2），而"尝试戒烟者"比较接近归属成员（＞1/2），则吸烟者的下线与上线就会变成 50 人（1/2×40＋30）与 80 人（1/2×20＋40＋30）。

第 2 节 ｜ 模糊集合的概率分布

在本节中,我们在模糊集合在因变量上扮演重要角色的例子上运用统计学模型的概率分布函数(PDFs)。我们把重点放在多变量分析技术可行的那些概率分布函数上。对模糊集合来说,一般化的概率分布函数是:

$$f(m) = p_0 \Delta(0) + p_1 \Delta(1) + (1 - p_0 - p_1)g(m)$$

$$[4.3]$$

p_0 是非归属者的概率,p_1 是完全归属者的概率,$\Delta(m)$ 是在单位 m 时的单位脉冲,$g(m)$ 是一个密度在(0, 1)区间之内连续的概率分布函数。当完全归属与非归属本身很重要时,这个混合的分布可以导出有用的模糊集合统计模型;即便当两者不重要时,建模者只要注意单位区间里 0 到 1 之间的两个终端即可。很明显,正态之类预设的假定对模糊集合来说无法成立。最可行的出路包括受检分布、截断分布与贝塔分布。

受检分布是指一个以上的次级范围的密度被压缩到一点的分布。由于我们缺乏关于研究变量的知识,所以经常导致受检分布(Long,1997:187)。当模糊归属函数是对一个已知或已测得的分布进行过滤所得到的变量,其结果就是受检分布。例如,有一个平均值为 100 分而标准差为 15 分的常态分布标准智商测验结果,如果我们定义有一个模糊集合的群体为"具备学习 X 技能潜质",这是个非归属底线为 85 分而完全归属为 100 分以上的线性过滤函数,则 $f(m)$ 就可以写成下式:

$$f(m) = (0.1587)\Delta(0) + (0.5)\Delta(1) + (1 - p_0 - p_1)\phi(m)$$
$$[4.4]$$

$\phi(m)$ 是常态概率分布函数,且 $m = \max(0, \min(1, (\mathrm{IQ} - 85)/15))$,这个概率分布函数在 0 时有个 0.1587 的突起,而在 1 那端则是 0.5 的突起,0 与 1 之间的 m 那段是正态的概率分布函数。

截断分布由部分概率分布函数导出,且以该曲线在某区域的切割内再常态化之后构成。当研究者处理一个集合之非归属者与/或完全归属者被排除后的次群体时,截断分布可以运用到模糊集合的样本上。例如,有一个将 16 岁以下的成员都赋予非归属值 0 的"年轻成人"模糊集合,这个模糊集合的概率分布函数就是从总体中选出一个没人低于 16 岁的样本,这样就可以用截断分布来给因为归属值为 0 而被截的数据建模。

在多重线性回归里,为受检或截断的因变量建模的方式已经发展成完善的模型。这些模型多数是从 tobit 模型变化或延伸而来,在第 6 章中,我们也将提供一个运用 tobit 模型的例子。

最后,对模糊集合来说,有很多既非截断,亦非受检分布的状况。如果研究者想把单位区间内靠近 0 与 1 两端但是却非 0 或 1 的那些数据化到两端（以避免无法界定的切分点），贝塔分布就是一个敏锐且有弹性的候选者，我们将在此简要描述贝塔分布。对某些模糊集合，我们称其为"Beta(ω，τ)分布"是指：

$$f(m) = m^{\omega-1}(1-m)^{\tau-1}\Gamma(\omega+\tau)/[\Gamma(\omega)\Gamma(\tau)]$$

ω、$\tau > 0$ 且 $\Gamma(\,\cdot\,)$ 指的是伽马函数。ω 与 τ 两者都是造型指数，其中，ω 把密度拉往 0 而 τ 把密度都拉往 1。贝塔家族包括很广泛的造型变化，单一分布就是其中一个特殊的例子。贝塔分布是以 0.5 为中心对称性的，也就是 $f(m; \omega, \tau) = f(1-m; \omega, \tau)$，因此，模糊否定完全不影响这个分布。为了与其他区间定义的那些贝塔分布作出区分，以单位区间来定义的贝塔分布通常被称为"标准化贝塔"。

由于 ω 与 τ 是很难诠释的造型指数，所以贝塔分布常用的指数化对任何意图来说，都是不恰当的。然而，有一种著名的、将 ω 与 τ 转换成定位与离散指数的再指数化，使得多变量一般线性模型可以用来估计有定位与离散数值的贝塔分布因变量（Paolino，2001）。对这些模型的批注已经超过了本书的范围，但我们必须清楚，多元一般线性模型技巧对贝塔分布之模糊集合应变量的运用是可能的。

第 3 节 ｜ 定义与测量模糊性

广泛地说，一个模糊集合之所以较模糊，是因为很多案例里有中间的归属值，而之所以较不模糊，则是因为有很多属于 0 与 1 的归属值。标准的模糊集合理论对模糊性的定义是说一个集合最模糊时，其中所有元素的归属值都等于 1/2，而一个集合完全清晰时，其中所有元素的归属值非 0 即 1。在社会科学里，模糊性可以与下列概念相关：两极化、共识、相对变异性、分类法、集中化以及不平等。企图建构这些特质的测量方式的相关文献已经运用了模糊性的测量，并且这些对如何测量模糊性的讨论也丰富了理论性的争论。因此，在许多学科中，对模糊性的测量观点常与重要的概念相关，而研究者也常常发现模糊测量的用处很大。

在此，视觉模拟可能对我们有所帮助。在固定光源时，如果使用黑白像素，相片的对比是最大的；而灰阶像素与中间渐层是最模糊的。模糊性就是对比的反面。如果用概率分布函数的传统认知来理解模糊性，一个最清晰集合的归属值的概率分布函数将会出现在 0 与 1 两端的双峰，而最模糊集合的归属值概率分布函数将会出现在 1/2 的单峰曲线。

模糊性集合 A 的测量 $fuz(A)$ 的标准如下（De Luca & Termin，1972）：(1) $fuz(A) = 0$，当且仅当对所有 X，$m_A(X) = 0$

或 1。(2)$fuz(A) = $ 最大值,当且仅当对所有 X,$m_A(X) = $ $1/2$。(3)$fuz(A) \leqslant fuz(B)$,对所有 X,当 $m_B(X) < 1/2$ 时,$m_A(X) \leqslant m_B(X)$;当 $m_B(X) > 1/2$ 时,$m_A(X) \geqslant m_B(X)$。(4)$fuz(A) = fuz(\sim A)$。

在模糊集合文献中,已经有研究者提出好几种模糊性的测量方式,在史密生的作品里有过描述与比较(Smithson,1987、1994)。以集势来说,我们在何种程度上能够有效量化模糊性取决于对归属评价的测量程度。就如我们已知的,模糊集合文献的弱点之一是,其往往假设归属评价是一个绝对值(或者至少是个比率),这也反映在已经被发展出来的模糊性测量上。我们将简单介绍模糊集合文献里常用的模糊性测量,然后探讨对社会科学数据来说,更普遍有用的另一种方法。

最简单的模糊性测量是由考夫曼(Kaufmann,1975)提出并被史密生(Smithson,1987:112)以样本规模加以标准化的:

$$FK = (1/NH) \sum |m_{Ai} - m_{Ai}^*| \qquad [4.5]$$

当 m_{Ai} 是集合 A 里第 i 个元素的归属值时,$m_{Ai}^* = 1$,当且仅当 $m_{Ai} \geqslant 1/2$ 且 $m_{Ai}^* = 0$ 时。此外,N 是样本规模,且 $H = 1/2$ 是上述加总的极大可能值(当对所有 i 来说,$m_{Ai} = 1/2$ 时,则该集合模糊性是最大的)。这个系数就是以第 i 个归属值与其最"不模糊"的邻近断裂归属值 0 或 1 的对应点之间差异的平均绝对值,去除以最大可能差异。因此,它测量的是模糊集合与可能最接近的清晰集合之间的差异,如果两者没差异,当然模糊集合也就不模糊了,那么 $FK = 0$。

在模糊性与缺乏对比之间的指数建议我们用一个集合与其补集的归属值之比较来测量模糊性。最近模糊性系数的其中之一正是如此(De Luca & Termini, 1972；Smithson, 1987：112)：

$$FD = (1/NH)\sum \left[-m_{Ai}\ln(m_{Ai}) - (1-m_{Ai})\ln(1-m_{Ai})\right]$$

$$[4.6]$$

当 $H = -\ln(1/2)$ 时，加总值将达到最大。该式测量了模糊归属值里不确定信息的量。这个二进制的模糊性测量与信息理论对平均信息量的测定有关。当所有 m_{Ai} 非 0 即 1 时，$FD = 0$；若所有 m_{Ai} 是 1/2，$FD = 1$。

　　最后，模糊性与不平等的关联使得史密生建议模糊性的测量可以为与平均值相比的相对变异性奠基，其主要的灵感来自当所有成员归属值都是相同程度时，无论其数值是否为 1/2 或任何其他数值，模糊集合都无法区别其内在元素。相反，若归属值被限定为 0 与 1，则对所有给定的平均值来说，此时变异数都是最大的。因此，模糊性与变异数成反比。当然，并非所有使用模糊集合的研究者都同意这个论点，他们也可能坚持用 1/2 作为固定的指标。

　　有研究者为相对变异数测量的观点界定了两个使用时须满足的先决条件。首先，它们在向量相乘时应该保持一致(适用于比率评价的变量)。第二，它们应该"对转换敏感"，即当某些数值从较低价值的元素转换而来又与较高价值的元素相加时，性质较佳(Allison, 1978)。基尼系数、变异系数与信息理论变异系数都满足上述条件。史密生(1982b、1987：113—116)论证，这些系数应该以可以达到的极大值来加以标准化。

　　相对变异测量在向量相乘时是一致的，而公式 4.5 与公式 4.6 所呈现的模糊测量也可能被一般化而在特定条件下处理比率评价。不幸的是，其中没有一个适用于等距与定序的归属评价。然而，某些简单的技巧使我们得以测量这类评价的模糊性。

模糊性的累积分布取向

我们介绍测量模糊性的方法或许可以运用于任何归属值，只需区分非归属者、近乎非归属者、近乎完全归属者以及完全归属者即可。就像早先比较集合规模的分析，这个取向几乎可以广泛运用于各种评价方式。

根据考夫曼（Kaufmann，1975）的建议，实证上的累积分布函数可以与最清晰集合的累积分布函数比较，以提供模糊性的一种指标。这两个累积分布函数越是相似，集合的模糊性就越少。通过累积分布函数的运用，我们避免了必须将归属程度量化的那一步，所以就可以把这个方法运用到定序的归属评价上。

现在，我们需要的是一个比较实证累积分布函数与最清晰集合的累积分布函数差异程度的测量方式。有好几种方法，但为顾及简化与运用的广泛程度，我们就使用 Kolmogorov 拟合度统计（Conover，1980；D'Agostino & Stephens，1986）。令 $F(m_{Ai})$ 代表一个样本里归属值实证上的累积分布函数，$F(C_{Ai})$ 代表最清晰集合的累积分布函数，则 Kolmogorov 拟合度就是 $F(m_{Ai})$ 与 $F(C_{Ai})$ 之间差异的最大绝对值：

$$T(A) = \sup_i |F(m_{Ai}) - F(C_{Ai})| \qquad [4.7]$$

令 s 代表原来评价非归属者的截取值，h 代表在近乎非归属

者之下但是在近乎归属者之上的中间范围评价，b 代表完全
归属者的截取值。由于 $F(C_{Ai})$ 是个梯级函数：

$$F(C_{Ai}) = F(h)（对所有 m_{Ai} < 完全归属者而言）$$
$$= 1（对所有 m_{Ai} = 完全归属者而言） \qquad [4.8]$$

$T(A)$ 不是在 s 发生，就是在 b 发生。因此，$T(A)$ 仅依赖于累
积分布函数中 s、h 与 b 的数值。

令 $F(s)$ 为仅包括非归属者的实证累积分布函数的数值，
令 $F(h)$ 为包括 h 以下非归属与中间归属者的累积分布函数
数值，而 $F(b)$ 为除了完全归属者以外，所有个案的累积分布
函数数值，则有：

$$T(A) = \max[F(h) - F(s), \ F(b) - F(h)] = \max[P_{sh}, \ P_{hb}]$$
$$[4.9]$$

P_{sh} 是中间归属个案较接近非归属者的比例，P_{hb} 则是中间归
属个案较接近完全归属者的比例。

图 4.2 显示了这个图像。从 $T(A)$ 的基础来说，可以被
视为一个由 $F(m_{Ai})$ 与 $F(C_{Ai})$ 之间比较得来的 4 类概率分布
函数，图的上半部分显示了非归属者（π_0）、中间归属者（π_{sh}，
π_{hb}）与完全归属者的比例（π_1）。归属程度的截点（s、h 与 b）
在图上用不同比例个案与其邻近类型的边界来表示。

图 4.2　$T(A)$ 的累积分布函数基础

很清楚,若 $T(A) = 0$,则 A 是清晰集合。$T(A)$ 有极大值为 1,包括累积分布函数完全集中于一点或者在非归属者与完全归属者之间的范围。这与史密生所定义的最大模糊性相应(Smithson, 1982a)。同样,$T(A) = T(\sim A)$。最后,对所有 X,当且仅当 $m_B(X) < 1/2$ 时,$m_A(X) \leqslant m_B(X)$,或当 $m_B(X) > 1/2$ 且 $m_A(X) \geqslant m_B(X)$ 时,则 $T(A) \leqslant T(B)$。因此,$T(A)$ 满足了模糊性测量的 4 个必要性质。

如之前提到的,这个对模糊性的测量几乎可广泛运用于各种评价方式。对任何两个归属值的评价,只要有非归属者、完全归属者的条件,再加上中介归属值是比较接近非归属者或完全归属者的判断,则它们的 $T(A)$ 值就可以不需顾虑任何评价程度的测量性质而直接进行比较。

案例 4.2:贝氏忧郁量表

贝氏忧郁量表 II(BDI-II)(Beck & Steer, 1996)是一个有 21 个项目的测量忧郁程度的工具,其区间从 0 分到 63 分,用来作为忧郁程度参考的截点如下:0 到 13 为最小、14 到 19 为轻微、20 到 28 为中度、29 到 63 为严重。我们设定 $s = 13.5$, $h = 19.5$, $b = 28.5$。

假设我们有 128 个受测者的 BDI-II 评分,我们用数值 s、h 与 b 比较了 $F(m_{Ai})$ 与 $F(C_{Ai})$,就像在图 4.3 中所显示的,其结果是:

$$F(s) = 59/128 = 0.461, \ F(h) = 92/128$$
$$= 0.719, \ F(b) = 110/128 = 0.859$$

因此,我们得到:

$$p_0 = 59/128 = 0.461,$$

$$p_{sh} = F(h) - F(s) = (92 - 59)/128 = 0.258,$$

$$p_{hb} = F(b) - F(s) = (110 - 92)/128 = 0.141$$

且 $p_1 = (128 - 110)/128 = 0.141$

$T(A)$的样本测量为：

$$T(A) = \max[p_{sh},\ p_{hb}] = \max(0.258,\ 0.141) = 0.258$$

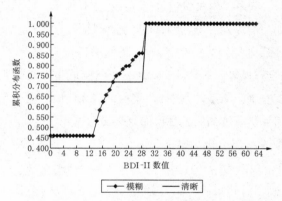

图 4.3　$F(m_{Ai})$与 $F(C_{Ai})$的贝氏忧郁量表 II(BDI-II)数据

T(A)信任区间与显著性测试

运用图 4.2 上半段里第二行的三分类表来重新安置概率分布函数，我们可以得到 $T(A)$ 的置信区间与显著性检验。这一格区分了完全归属/非归属的清晰个案与中间归属值的模糊个案。集合的模糊核心部分的规模等于中间归属格子的加总，$\pi_{sb} = \pi_{sh} + \pi_{hb}$。

开始时，我们可得到一个 π_{sb} 的置信区间(CI)，模糊核心的规模以常见的比例形式，可能是精确或趋近的数值。此外,多向频率分析的传统方法也可以应用于比较不同集合之模糊核心的规模,或是跨集合数据的建模。我们定义 π_{sb} 的置信区间为 $[\pi_{sbL}$, $\pi_{sbU}]$。

同样,我们也可以获得 π_{sh} 及 π_{sb} 平行独立的 $(1-\alpha)^{\frac{1}{2}}100\%$ 置信区间。然后,我们又可以定义 $T(A)$ 的 $(1-\alpha)100\%$ 置信区间。其下限是:

$$\pi_{shL}\,(\pi_{shL}/\pi_{sbL} \geqslant 1/2)$$

$$\pi_{hbL}\,(\pi_{hbL}/\pi_{sbL} \geqslant 1/2) \qquad [4.10]$$

$$\pi_{sbL}/2\,(其他情况下)$$

其上限是:

$$\pi_{shU}\,(\pi_{shU}/\pi_{sbU} \geqslant 1/2)$$

$$\pi_{hbU}\,(\pi_{hbU}/\pi_{sbU} \geqslant 1/2)$$

$$\max(\pi_{hbU},\,1-\pi_{shL})\,(其他情况下)$$

案例 4.3:贝氏忧郁量表(续)

回顾案例 4.2, $p_{sh} = 0.258$ 与 $p_{hb} = 0.141$,所以测量样本得到 $T(A) = \max[p_{sh},\,p_{hb}] = 0.258$。从模糊集合开始,我们有 $p_{sb} = (33+18)/128 = 0.398$,且 π_{sb} 的 97.5% 的置信区间应为 $[0.3071,\,0.4975]$, π_{sh} 的 97.5% 的置信区间是 $[0.1815,\,0.3525]$,与 π_{hb} 的 97.5% 的置信区间是 $[0.0853,\,0.2231]$。从公式 4.8 可知, $T(A)$ 的置信区间下限是 0.1815,上限是 0.3525。当下限与 0 显著不同时,上限表明,这个集合是最温和的模糊。

第 **5** 章

模糊集合之间的简单关系

第 1 节 | 交集、并集与包含

本章重点讨论模糊集合理论所提出的 3 种争议性的特殊元素关系，这些关系对双变量关系（例如，相关系数或发生比率）的家族来说是陌生的成员。这三者就是模糊交集、并集与包含。就像第 2 章里解释过，在模糊集合 A 与集合 B 的交集与并集里，评价归属值 x 的传统规则是：

$$m_{A \cap B}(x) = \min(m_A(x), m_B(x))$$
$$m_{A \cup B}(x) = \max(m_A(x), m_B(x)) \qquad [5.1]$$

此外，从模糊集合 A 包含模糊集合 $B(A \supset B)$ 导出的规则是对所有 x 而言，

$$m_A(x) \geqslant m_B(x) \qquad [5.2]$$

与相加不同，交集与并集的运算不是互补性的，但相加却是。例如，对公式 5.1 来说，对于任何一个 x，我们可以看到 $A \cap B$ 的归属值 $m_{A \cap B}(x)$ 里，A 集合里一个高归属程度的 $m_A(x)$ 并不会与 B 集合里较低归属值的 $m_B(x)$ 相加。包含的概念也跟相关系数不同，这同时由前者非对称的性质（即 A 包括 B 的程度无法告诉我们 B 包括 A 的程度）以及必要与充分的逻辑概念在其中的直接关系而造成。

就像第 3 章里提到的，评估交集、并集与包含的必要条

件之一就是性质评价(例如,日本是"亚洲国家"相对于"资本主义经济体",是否有更高的归属程度),因此,当我们处理模糊交集或者包含的评价技巧时,应该不只是留意测量的程度,也要注意性质评价。然而,在这一节余下的部分中,我们将讨论可以合理假设两个性质评价的明显案例。史密生讨论了更多例子的细节(Smithson,2005)。

案例 5.1:对移民的态度

模糊集合包含是清晰集合包含的一般化,虽然公式 5.2 很少完全满足,但在很高程度时可以找到真正的例子。图 5.1 显示了这个例子,在 84 个澳大利亚国立大学二年级的心理系学生中,受访者对下列命题 A = "澳大利亚应该容许移民进入"以及 B = "应该允许船民进入澳大利亚并且批准他们的要求"评分,在 $A \supset B$ 的关系中只有 3 个例外,显示在图的右上方。

这个例子显示了交集、并集与包含的重大关联。若 $A \supset B$,则 $A \bigcap B$ 等于最小集合 A 或集合 B,且 $A \bigcup B$ 等于两个之中的最大集合。在图 5.1 中,我们可以看到,$A \bigcap B$ 的归

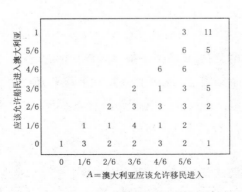

图 5.1 模糊集合包含的例子

属赋值将是 $m_{A\cap B}(x) = m_B(x)$，除了 $m_B(x) = 1$ 且 $m_A(x) = 5/6$ 的 3 个个案是例外。此外，我们也可以看到除了前述 3 个例外，$A \bigcup B$ 是 $m_A \bigcup B(x) = m_A(x)$，归属值 $m_{A\cap B}(x)$ 的分配越是接近 A 或 B 的最小值，A 与 B 之间的关系就越接近于真正的包含关系，归属值 $m_{A\cup B}(x)$ 的分配与 A 或 B 的最大值之间的关系亦然。当然，交集与并集的计算必须依赖性质评价，如果没有充分的理由，简单地假设性质评价可以维持的做法并不理智。我们认为，此处尚可接受是因为每个项目的响应评价与项目本身的形式是一致的。

图 5.1 的例子同样强调了模糊包含与必要性及充分性的逻辑观念之间的关联。图 5.1 上的位图呈现了一个预测性的解释是，集合 A 中较高的归属值对集合 B 中较高的归属值的预测，是必要但不充分的，反之，集合 B 中高的归属值对集合 A 中较高的归属值的预测，是充分但不必要的。这些不对称的逻辑或预测关系不可能由对称的关联性测量，例如由相关系数来获得。对于图 5.1 显示的趋势用相关系数 0.299 来解释，当然会错失这些重点，即使指出其中有异方差性也于事无补。

最后，值得一提的是包含、必要性与充分性是一个更广泛且有用的关系，是模糊限制中的特殊化的例子。对图 5.1 的第三种解释是，A 与 B 的共同分布几乎直接满足不等式 $m_A(x) - m_B(x) \geqslant 0$。模糊限制是这类不等式的一般化。

案例 5.2：揭露或限制信息的决策

在一个职业调查中（Bopping，2003），有 229 个受访者被告知一个揭露或限制由其同事提供的信息的困境，受访者在两个方面给下列问题进行评分：

$I=$ "提供信息给其他人是重要的"

$T=$ "维持保密的信任关系是重要的"

我们展示模糊集合的运用方式来探讨受访者对 I 或 T 或两者给予高分的假设。

这里的假设可以被解释成模糊并集 $I \cup T$ 强烈偏向 1。更"强烈"的版本预测 $T \supset \sim I$（或是 $I \supset \sim T$），即 $m_I(x) \geqslant 1 - m_T(x)$，同样的模糊限制是 $m_I(x) + m_T(x) \geqslant 1$。这个评价对 I 与 T 有重要的反应模式，出于呈现的目的，我们假设性质评价的问题已经被解决了。表 5.1 的上半部分呈现了这个假设的强烈版本，其中除了 9 个个案之外，都符合命题。

表 5.1　I 与 T 的交叉分析表

		0	1/6	2/6	3/6	4/6	5/6	1	合计
					m_I				
	1	9	4	5	8	4	6	23	59
	5/6		8	9	7	11	22	5	62
	4/6		2	14		4	15	1	36
	3/6			1	7	6	10	9	33
m_T	2/6		1	1		4	8	3	17
	1/6		1			1	5	4	11
	0	1				1		9	11
	合计	10	16	30	22	31	66	54	229

$I \cup T$	0	1/6	2/6	3/6	4/6	5/6	1	合计
观察到的几率密度函数	1	1	2	8	32	95	90	229
预期几率密度函数	0.48	2.02	7.04	15	26.9	78.5	99.1	229
平方标准残差	0.56	0.51	3.61	3.26	0.97	3.47	0.83	13.2

假设 I 与 T 彼此独立（表 5.1 的下半部分），对已观察到

的 $I \cup T$ 分布与其期望值的比较表明,两者应该比实际观察到的更强烈偏向负面。卡方检验或许可以用来比较两个分布,且平方标准残差建构的卡方统计呈现在倒数第三行上。这个卡方检定得到 $\chi^2(6) = 13.2$,$p = 0.04$,因此支持偏向的假设。与案例5.1的状况一样,这里双变量的假设检验用通常的概念与相关测量会很难评价,但是用模糊集合却能轻松掌握。

第 2 节 | 侦测与评估模糊包含

侦测与评估模糊包含的工作引发了 3 个问题。第一，我们如何得知在什么程度上满足模糊包含的规则 $m_A(x) \geqslant m_B(x)$？其次，我们如何从两个独立的偏向变量的二元分布的"伪版"里区分出真正的模糊包含？第三，何时可以在我们的研究发现里排除对立的解释并且肯定模糊集合的解释？

从第一个问题开始，许多模糊集合理论家（Dubois & Prade，1980：22）批评过 $m_A(x) \geqslant m_B(x)$ 的规则太过僵硬，不够模糊。史密生回顾过另类的评估模糊包含的方案（Smithson，1987：31—32、101—104），并发现它们属于两大类，第一个方案是将 $m_A(x) \geqslant m_B(x)$ 的规则模糊化（Dubois & Prade，1980；Ragin 2000），第二个方案是建构一个基于模糊集合运算公式或其他适当概念的包含程度指数。两个方案都基于归属评价所拥有的测量程度。我们稍后将讨论这个议题。这里，我们先转向区分伪版与正版包含的议题，来决定二元分布是用一些其他的相关性来解释，还是用包含来解释比较好。表 5.2 用 3 个伪版（第一、第三与第四张表）与一个正版包含关系（第二张表）来显示重点。

表 5.2　包含关系与伪版

独立＋偏向

不逃避	追求							合计
	0	$m_s(2)$	$m_s(3)$	$m_s(4)$	$m_s(5)$	$m_s(6)$	1	
0	4	3	1	1	1	0	0	10
$m_{NA}(2)$	5	4	2	2	1	1	0	15
$m_{NA}(3)$	6	4	3	2	1	1	0	17
$m_{NA}(4)$	7	5	3	2	1	1	1	20
$m_{NA}(5)$	20	13	8	6	4	2	2	55
$m_{NA}(6)$	33	23	12	10	6	4	3	91
1	55	38	21	17	11	6	4	152
合　计	130	90	50	40	25	15	10	360

包含关系

不逃避	追求							合计
	0	$m_s(2)$	$m_s(3)$	$m_s(4)$	$m_s(5)$	$m_s(6)$	1	
0	8	3	2	1	1	1	0	16
$m_{NA}(2)$	8	4	3	2	0	0	0	17
$m_{NA}(3)$	17	11	7	10	1	0	0	46
$m_{NA}(4)$	13	11	22	30	6	0	1	83
$m_{NA}(5)$	5	7	12	23	3	2	0	52
$m_{NA}(6)$	1	5	10	25	19	9	1	70
1	3	3	2	16	13	13	26	76
合　计	55	44	58	107	43	25	28	360

（续表）

正相关

不逃避	0	$m_s(2)$	$m_s(3)$	$m_s(4)$	$m_s(5)$	$m_s(6)$	1	合计
0	47	0	0	0	0	0	0	47
$m_{NA}(2)$	0	47	5	0	0	0	0	52
$m_{NA}(3)$	0	0	47	10	4	0	0	61
$m_{NA}(4)$	0	0	0	45	10	0	0	55
$m_{NA}(5)$	0	0	0	0	46	5	0	51
$m_{NA}(6)$	0	0	0	0	0	47	0	47
1	0	0	0	0	0	0	47	47
合　计	47	47	52	55	60	52	47	360

负相关

不逃避	0	$m_s(2)$	$m_s(3)$	$m_s(4)$	$m_s(5)$	$m_s(6)$	1	合计
0							16	16
$m_{NA}(2)$						4		4
$m_{NA}(3)$					14			14
$m_{NA}(4)$				87				87
$m_{NA}(5)$			92					92
$m_{NA}(6)$		92						92
1	55							55
合　计	55	92	92	87	14	4	16	360

案例 5.3：现实的追求/逃避职位案例

　　第二张表是从真实数据中获得的（Smithson & Heketh，1998），亦即 360 个受访者对荷兰职业兴趣量表的双项响应。一项响应显示在何种程度上，他们会追求某个具有"具体的"

工作任务的职位，另一项响应则显示在何种程度上，他们会逃避该项工作。两个变量都是对等定义的（范围从完全不会到非常强烈），而且"逃避"评分也被反向录入为"不逃避"的评分。假设上的关系是，追求某项工作应该充分非必要地影响不逃避该项工作，这是因为某人可能因为另一项理由不逃避那个工作，所以"追求"应该被包含在"不逃避"之内。

在上面 4 张二维表里，有相当类似比例的个案遵循包含的 $m_A(x) \geqslant m_B(x)$ 规则。排除在相关集合内没有归属值的案例之后，在第一张、第二张、第三张与第四张表中，其比例依序分别为 0.887、0.889、0.891 与 0.889。然而，最上方那张表其实是由跨栏的两个独立偏向分布所组成，从这个表得到的卡方分布是 $\chi^2(36) = 3.669$，非常符合独立模型的状况。这个表中看似强烈的包含关系，其实是由两个分布本身的独立偏向造成的结果。

让我们转向表 5.2 里的另外 3 张表，第二张表的卡方检定是 $\chi^2(36) = 234.036$，第三张表是 $\chi^2(36) = 1781.344$，第四张表则是 $\chi^2(36) = 3625.220$，显示两个变量之间不是独立的关系。然而，第三张表与第四张表显示强烈的相关关系而不是包含关系，尽管这两张表符合模糊包含规则的个案比例对第二张表来说都是显著的。许多研究者宁愿说第三张与第四张表的相关系数测量的是两个变量之间一对一的关联程度，而非一对多的必要条件。我们可以轻易想象并发现"中介的"情况，其中同时有稳定的强烈相关性与合理的强烈包含关系。

那么，我们该选择哪种解释，又为何如此？由于需要更多的判断标准，这个问题比单纯侦测出独立的情况要难多了。例如,假如相关系数提供了一个对关系"好的"叙述(也就是说,所有假设与必要条件,像同方差性之类,都得到满足),包含性的解释仍然可能在理论上更相关。另外,包含是一个一对多的关系,因此与相关系数或强烈的关联测量相比,是较不精确的命题。

让我们先排除独立＋偏向的情况。独立＋偏向不能成为真正的包含关系是因为,在两个统计独立的随机变量之间并没有关联。然而,就像例子所显示的,把偏向的统计独立随机变量设定成符合模糊包含的形式并不难。当两个变量在统计上独立时,它们的共同分布完全被边际分布所决定,因为其共同分布完全是边际的产物,而边际依赖的是归属赋值。就像我们在第 3 章中所看到的,归属赋值是一项很困难的工作。在赋值过程中,人们最好不要随便得出结论,因为几乎无法争论说给定的赋值是错的。对非连续性的归属评价,以此案为例,传统对独立性的卡方检定经常是适当的。对连续归属评价而言,Kolmogorov-Smirnov 检验是最广为人知的,它比较了观察到的共同累积分布函数(JCDF)与独立状态下预期的共同累积分布函数。

关联＋偏向导致了其他问题。我们的观点是,如果二元分布满足相关假设,则研究者应该首先关注一个变量对另一个变量的预测,然后用相关系数回归描述,或许用模糊集合观点,或许用 GLM 去同时估计位置与离散的程度。另一方面,特殊类型的异方差性在包含的同时,还包括了两个集合之间的巨大差异。因此,用类似集合的概念表述的且/或研究问题,应该认真考虑将模糊包含作为一种描述数据形态的工具。接下来我将介绍探讨包含关系的技巧与相关细节。

第 3 节 ｜ 包含的量化与建模

在很多环境下,我们希望能评价一个包含关系的论点相对于另类归属赋值的强烈程度。对 $m_A(x) \geqslant m_B(x)$ 的规则与任何包含指数而言,对两个集合归属值的共同排序决定了结果,因此有必要探讨,如果改变共同排序,包含比率或指数赋值会产生什么变化。对解决我们的结果有多大程度依赖归属值的共同排序这个问题,一个合理的方案是,在找到数据之前就制定一个基准包含率,然后查明在置信区间里包含这个比率或更高比率的路径的集群。决定相关"集群"的一种方式是从一个特定的归属值的共同排序决定一个路径,其包含置信区间包括了之前的比率,然后查明哪个相邻的路径的置信区间也包括这个比率。

要知道上述方案如何运作,我们须回到找工作的那个例子,运用一个 0.9 的资格包含比率。就像我们早先提到的,从对角线路径计算遵循 $m_A(x) \geqslant m_B(x)$ 规则的个案比例为 0.889。此路径 95% 的置信区间是 [0.848, 0.922],因此,它与包含率 0.9 相符合,事实上,这也显示了任何路径的比率低于 264/305 时,仍将得到包括 0.9 的置信区间。

表 5.3 其实是根据表 5.2 的第二张表重新绘成。以阴影表示的区域指出,在原始值的共同排序里,至少有 264/305 比

例的一个交错路径的集群。这个归属值之共同排序与相应的对角线路径是 $0 < m_s(2) = m_{NA}(2) < m_s(3) = m_{NA}(3) < m_s(4) = m_{NA}(4) < m_s(5) = m_{NA}(5) < m_s(6) = m_{NA}(6) < 1$。路径的集群构成一个略低于对角线的区域,例如,相应于共同排序 $0 < m_s(2) = m_{NA}(2) < m_s(3) = m_{NA}(3) < m_s(4) = m_{NA}(4) < m_s(5) = m_{NA}(5) < m_s(6) = m_{NA}(6) < 1$,也是由对角延顺序的次数分配{8,4,22,30,3,9,26}而得到的路径。

表 5.3　0.9 置信区间包含比率

不逃避	追 求							合计
	0	$m_s(2)$	$m_s(3)$	$m_s(4)$	$m_s(5)$	$m_s(6)$	1	
0	8	3	2	1	1	1	0	16
$m_{NA}(2)$	8	4	3	2	0	0	0	17
$m_{NA}(3)$	17	11	7	10	1	0	0	46
$m_{NA}(4)$	13	11	22	30	6	0	1	83
$m_{NA}(5)$	5	7	12	23	3	2	0	52
$m_{NA}(6)$	1	5	10	25	19	9	1	70
1	3	3	2	16	13	13	26	76
合 计	55	44	58	107	43	25	28	360

在缺乏包含率的标准下,我们或可运用在共同排序标准中的单一修订来发现归属赋值对包含率的敏感度。然后,我们从包含率为 0.889 的对角线路径开始,这个比率最大可能的改变来自在共同排序中的一次修订,也就是排除 $\{m_s(4) = m_{NA}(4)\}$ 格子里的 30 个案例。将它们以"降低"路径排除在外,将使包含比率由 0.889 降低到 $(271 - 30)/305 = 0.790$。最大的增加来自共同排序中的一次修订,包括了 $\{m_s(4) = m_{NA}(3)\}$ 的 10 个案例,这导致包含率上升到 $(271 + 10)/305 = 0.921$ [1]。这

①　原书作者笔误为 217。——译者注

两个例子都违反了 $m_A(x) \geqslant m_B(x)$ 规则,因为数据受到边缘分布的严重影响,这个包含指数也无法区分负相关与真正的包含。由拉津提供的 $m_A(x) \geqslant m_B(x)$ 规则明确地假设边际分布是单一的(Ragin, 2000),为避免在边际分布上作出强烈的假设,我们必须转向以表格或点状图的地方包含关系为基础的包含模型。

运用表格或点状图来模拟包含的共同方法之一是通过层级集合,也就是第 2 章所讨论的问题。运用建构出共同累积分布函数的方式,我们可能建立表格内任意一格的包含率(或是画在点状图上)。在表 5.4 中,第一张表显示了表 5.3 的共同累积分布函数,这是右下角{1,1}那一格往左上移动的累积频率。该起始点有 26 个案例,所以上移一格增加了一个案例,可获得 27 个案例,而向左移可以获得 13 个案例,也就是 39 个案例。向上同时又向右的路径移动可获得 $1+13+9$ 个案例,总共就是 $26+1+13+9 = 49$ 个案例,以此类推。

第二张表显示了每个格子的地方包含率。这些数字是由表格里的累积频率除以落在首列各栏的累积总数而得到的。比如,右下角那一格的数字就是 26/28 = 0.929,其左边那一格就是 39/53 = 0.736,以此类推。我们可以把这些比例视为地方包含率是因为,在同层级的集合内相应的格子里,每个案例都遵守了 $m_A(x) \geqslant m_B(x)$ 的规则。比如{0.83, 0.83}那格,其包括了共同累积分布函数得到的 49 个案例,其中,53 个案例有 0.83 或以上属于追求的归属值,而且有 49 个案例符合 $m_A(x) \geqslant m_B(x)$ 的规则,因为它们也有 0.83 或更高的不逃避归属值。这个比例算起来就是 49/53 = 0.925,这正是填入第二张表里的数字。

层级集合与共同累积分布函数取向使得研究者得以阐

明地方包含率的趋势。请留意，在对角线上的格子的包含率彼此很接近，这个路径争议性地拥有一个稳定的包含率，而我们应该简单说明如何利用这条路径测试一个常数包含模型。表 5.4 上的包含率趋势与负相关的例子之间存在鲜明的对比，就像表 5.5 所显示的。表 5.5 中对角线的包含率显然不稳定，我们沿此路径向上与向左移动时，从 0 突然跳跃到很高层次。这个比较表明，地方包含模型可以区分两种关系，而总包含率与包含指数却做不到。

表 5.4 案例 5.3 之共同累积分布函数与地方包含率

共同累积分配							
			追		求		
不逃避	0	$m_s(2)$	$m_s(3)$	$m_s(4)$	$m_s(5)$	$m_s(6)$	1
0	360	305	261	203	96	53	28
$m_{NA}(2)$	344	297	256	200	94	52	28
$m_{NA}(3)$	327	288	251	198	94	52	28
$m_{NA}(4)$	281	259	233	187	93	52	28
$m_{NA}(5)$	198	189	174	150	86	51	27
$m_{NA}(6)$	146	142	134	122	81	49	27
1	76	73	70	68	52	39	26

地方包含率							
			追		求		
不逃避	0	$m_s(2)$	$m_s(3)$	$m_s(4)$	$m_s(5)$	$m_s(6)$	1
0							
$m_{NA}(2)$	0.956	0.974	0.981	0.985	0.979	0.981	1.000
$m_{NA}(3)$	0.908	0.944	0.962	0.975	0.979	0.981	1.000
$m_{NA}(4)$	0.781	0.849	0.893	0.921	0.969	0.981	1.000
$m_{NA}(5)$	0.550	0.620	0.667	0.739	0.896	0.962	0.964
$m_{NA}(6)$	0.406	0.466	0.513	0.601	0.844	0.925	0.964
1	0.211	0.239	0.268	0.335	0.542	0.736	0.929

表 5.5　负相关案例之共同累积分布函数与地方包含率

| | 共同累积分配 | | | | | | |
| | 追 | | | 求 | | | |
不逃避	0	$m_s(2)$	$m_s(3)$	$m_s(4)$	$m_s(5)$	$m_s(6)$	1
0	360	305	213	121	34	20	16
$m_{NA}(2)$	344	289	197	105	18	4	0
$m_{NA}(3)$	340	285	193	101	14	0	0
$m_{NA}(4)$	326	271	179	87	0	0	0
$m_{NA}(5)$	239	184	92	0	0	0	0
$m_{NA}(6)$	147	92	0	0	0	0	0
1	55	0	0	0	0	0	0

| | 地方包含率 | | | | | | |
| | 追 | | | 求 | | | |
不逃避	0	$m_s(2)$	$m_s(3)$	$m_s(4)$	$m_s(5)$	$m_s(6)$	1
0							
$m_{NA}(2)$	0.956	0.948	0.925	0.868	0.529	0.200	0.000
$m_{NA}(3)$	0.944	0.934	0.906	0.835	0.412	0.000	0.000
$m_{NA}(4)$	0.906	0.889	0.840	0.719	0.000	0.000	0.000
$m_{NA}(5)$	0.664	0.603	0.432	0.000	0.000	0.000	0.000
$m_{NA}(6)$	0.408	0.302	0.000	0.000	0.000	0.000	0.000
1	0.153	0.000	0.000	0.000	0.000	0.000	0.000

　　现在,让我们用找工作那个例子的对角线路径来测试一下稳定包含模型。这条路径上的平均包含率是 0.947,我们可以测试这条路径上的地方包含率趋势究竟是否稳定地维持在一个 0.947 的常数包含率上。有好几种办法可进行测

试,但是最熟悉且或许最简便的是用卡方检定,其原则是产生共同累积分布函数在对角线上的预期频率,然后获得邻近这条路径的格子的预期频率与原数据之差,最后再用单向卡方检定来与原先观察到的频率进行比较。

表 5.6 的第一张表呈现的是从右下角开始,如何通过观察频率获得邻近这条路径的格子的预期频率与原数据之差。第二张表显示如何用 0.947 的包含率为标准与第一张表第一列的边际观察频率来计算预期频率。在最左上角的格子里,预期频率是 71.165,这是由 360 个样本总数扣除其他预期频率计算而得到的。

表 5.6　稳定包含模型

| 不逃避 | \multicolumn{7}{c}{观察到的频率} |
| | \multicolumn{7}{c}{追　　　求} |
	0	$m_s(2)$	$m_s(3)$	$m_s(4)$	$m_s(5)$	$m_s(6)$	1
0	$360-305$ $=55$	44	58	107	43	25	28
$m_{NA}(2)$		$297-251$ $=46$					
$m_{NA}(3)$			$251-197$ $=64$				
$m_{NA}(4)$				$187-86$ $=101$			
$m_{NA}(5)$					$86-49$ $=37$		
$m_{NA}(6)$						$49-26$ $=23$	
1							26

（续表）

不逃避	预期频率						
	0	追	求				1
		$m_s(2)$	$m_s(3)$	$m_s(4)$	$m_s(5)$	$m_s(6)$	
0	71.165	44	58	107	43	25	28
$m_{NA}(2)$		0.947×44 $= 41.668$					
$m_{NA}(3)$			0.947×58 $= 54.926$				
$m_{NA}(4)$				0.947×107 $= 101.329$			
$m_{NA}(5)$					0.947×43 $= 40.721$		
$m_{NA}(6)$						0.947×25 $= 23.675$	
1							0.947×28 $= 26.516$

　　由于总共有 7 格，自由度为 6，因此我们用了 0.05 的显著标准，判准的卡方检验值应该为 12.592，观察到的卡方则是 $\chi^2(6) = 3.257$，低于判准值，这也表明，稳定包含模型与数据相符。相对于 0.947 的包含率，我们无法用卡方检定来拒绝两者相同的假设。用稳定包含模型来获得一个 95% 置信区间并不困难，虽然我们应该牢记的是卡方检定比较保守，所导致的置信区间是 [0.888, 1]。此外，找出所有路径群集，使之与稳定包含模型兼容，无论是预设的比率或普遍的检定，都仍然是可能的。然而，对这个议题的探讨超过了本章的范围。

　　现在，让我们用负相关的对角路径为例来测试稳定包含模型。表 5.7 呈现了观察到的频率，我们可以发现，无论制定什么包含率，卡方检定都会拒绝表内的稳定包含模型。此处得到最低的卡方（其包含率为 1）是 $\chi^2(6) = 40.959$，比起我们的判准值 12.592 显然要高得多。这个稳定包含模型成功地区别了找工作与负相关的例子。

表 5.7　负相关范例之频率

| 不逃避 | \multicolumn{7}{c}{观察到的频率} |
| | \multicolumn{7}{c}{追　　　　求} |
	0	$m_s(2)$	$m_s(3)$	$m_s(4)$	$m_s(5)$	$m_s(6)$	1
0	360 − 289 = 71	92	92	87	14	4	16
$m_{NA}(2)$		289 − 193 = 96					
$m_{NA}(3)$			193 − 87 = 106				
$m_{NA}(4)$				87			
$m_{NA}(5)$					0		
$m_{NA}(6)$						0	
1							0

此外，它可以轻易地用来证明，只有在两个统计独立的模糊集合的情况下，稳定包含路径才是水平的。对定序分类的归属函数与表格来说，假设独立性成立，计算预期频率公式背后同样的论点，随之可得到这个特质。由于没考虑真正包含关系里独立＋偏向所造成的包含趋势，我们的推理会导致水平包含路径的结果。

第 4 节｜量化与类似成员规模

当 $m_A(x)$ 与 $m_B(x)$ 是量化且可比较的时候，模糊集合的方法就很多。现在，我们通过一个简单的调查来呈现研究者面对这种状况时的可能性。

案例 5.4：对热带毒物的恐惧与强烈憎恶

我们用了向 262 个心理学系大学生（澳大利亚热带区的詹姆斯库克大学）收集来的调查数据，让他们自行报告对 31 种有毒刺激物，例如，对蛇或呕吐物的感受。他们被要求对每种毒物的恐惧、恶心与讨厌程度评分，分数范围为 4 级，从 0（完全不会）到 3（非常）。这 31 项恐惧、恶心与讨厌程度评分被加总并区分到 31 个集合以获得每个项目的模糊归属评价。为了进行研究，我们将把这些评价当成量化可比的归属值。这个研究的主要目的是检验一个假设，这个假设是在恐慌类型反应里，恐惧与恶心是讨厌的次集合，而讨厌是一种更为广泛的情绪反应。一个附加的问题是临床与健康心理学提出的并发率议题，即在什么情况下，受访者会对毒物同时感到恐惧与恶心。

交集与并集的势

从并发率的议题开始，传统的取向会采用相关系数。表

5.8 呈现了 3 个模糊集合之间是显著且稳定相关。然而,相关系数无法告诉我们一个集合是否强烈包含另一个,也无法对集合的相对规模与他们的交集提供有意义的测量。

表 5.8　恐惧、讨厌与恶心的相关系数

恐惧		
0.434	讨厌	
0.747	0.410	恶心

　　我们或许可以测量模糊集合的交集与并集的势,因此可以集中关注并发率。表 5.9 的上半部分呈现的是恐惧、恶心与讨厌程度的平均归属值,下半部分在对角线格子之外的是平均归属值的成对交集。下半部分显示的就是每个集合与另一个集合之间交集的比例。例如,恐惧与讨厌的交集有平均归属值 0.229,由于恐惧的平均归属值是 0.231 而讨厌的平均归属值是 0.563,恐惧在交集里的比例是 0.229/0.231 = 0.991,讨厌的比例则是 0.229/0.563 = 0.407。

表 5.9　恐惧、讨厌与恶心的平均归属值及其交集比例

	平均归属值		
	恐惧	讨厌	恶心
恐惧	0.231		
讨厌	0.229	0.563	
恶心	0.181	0.214	0.215
	交集比例		
	恐惧	0.407	0.842
	0.991	讨厌	0.995
	0.784	0.380	恶心

　　模糊交集所提供的并发率图像与相关性视角截然不同,恐惧与恶心的并发率显然很高(在交集之内,恐惧有 78.4% 而恶心有 84.2%),讨厌显然包括了大多数的恐惧与恶心

（99.1％与99.5％），但只有38.0％的讨厌被包含在恶心交集内，40.7％被算在恐惧交集内。讨厌强烈包含恐惧与恶心的发现，得到图5.2中两个点状图的支持。

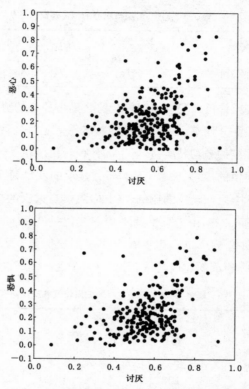

图5.2 恶心交集讨厌与恐惧交集讨厌之点状图

即使恐惧与恶心被大致归类到讨厌之内，但恐惧与恶心的并集是否充分包含讨厌？恐惧∪恶心的平均归属值为0.266，远低于讨厌归属值的一半（0.563）。事实上，交集内的平均归属值（恐惧∪恶心）∩讨厌是0.263，所以，讨厌包括了100（0.263/0.266）＝98.7％的恐惧∪恶心。这些发现指出,讨厌是一个远比恐惧与恶心的并集更加广泛的分类,这远远超过相关或回归分析可以提供给我们的信息。

包含系数

此处,我们转向包含系数,这是把一个集合包含另一个集合的程度加以量化的方式。最简单的包含指数只是集合内符合 $m_A(x) \geqslant m_B(x)$ 规则的个案比例,这就是我们第 2 章提到的经典包含率。虽然其精简的特质很有吸引力,但其主要的限制是,其"近乎消失"像是一个有力的反例。这里,我们们呈现两种系数以超越这个限制,也就是史密生曾讨论过的"包含 1"与"包含 5"指数(Smithson, 1994)。第一包含指数的定义为:

$$I_{AB} = \sum m_{A \cup B}(x_i) / \sum m_B(x_i) \qquad [5.3]$$

I_{AB} 是集合 A 与集合 B 的交集除以集合 B 的比例(Sachez, 1979),这很清楚是基于模糊集合理论的概念。我们通过表 5.9 讨论到一个集合被算入其与另一集合交集内的比例时,已经使用了这个系数。

共同累积分布函数、地方包含取向与 I_{AB} 之间有重大的关联。在表 5.4 中,共同累积分布函数数值在对角线上的加总除以格子的总数是 (26＋49＋86＋187＋251＋297)/6＝149.333,这是追求与不逃避某工作的交集的势。若 $k = 0$, 1, 2, …, K, 当 K 是非零归属层级的个数时,我们可以把归属值当成 k/K。把累积分布函数加总并且除以 6,即 (28＋53＋96＋203＋261＋305)/6＝157.667,则是追求集合的规模,

所以其包含指数 $I_{AB} = 149.333/157.667 = 0.947$，在我们将归属值视为 k/K 且当 K 等于路径内格子数量的情况下，这也可以被视为共同累积分布函数在路径上的加总除以所包含集合的累积分布函数。这个观点也就成为稳定包含模型之 0.947 比率测试的基础。

"包含 5"的系数则被定义为：

$$C_{AB} = \frac{\sum \max(0,\ m_A(x_i) - m_B(x_i))}{\sum \mid m_A(x_i) - m_B(x_i) \mid} \qquad [5.4]$$

C_{AB} 是 $m_A(x)$ 与 $m_B(x)$ 之间在适当方向上偏离平等的比例，这个公式事实上是以 $m_A(x) > m_B(x)$ 不等式为基础的一般化，用于求不平等归属值在观察值里的比例。

哪一个指数比较完美取决于研究者的分析目标。首先，每个集合里归属值为 0 的个案都不影响 I_{AB}，但却影响 C_{AB}。第二，$m_A(x_i) = m_B(x_i)$ 的个案不影响 C_{AB}，但却影响 I_{AB}。第三，$C_{AB} = 1 - C_{BA}$，但 I_{AB} 却没有这个性质。最后，两个系数都不是个案导向的，这种导向对估计的目的来说有吸引力的特质（Smithson，1987、1994）。

对任何被设计来测量某种特定关系但非其他关系的系数来说，包含系数有其限制。首先，这些包含系数都无法说明独立性是否成立。此外，就像前面提到的，它们受边际分布的强烈影响。如果包含系数像 2×2 表格里的发生率一样不受边际分布影响，将会很有帮助。表 5.10 显示了表 5.2 的 4 个分表里的包含系数，在独立的例子上（表 5.2 的第一张表），$I_{AB} = 0.914$ 而 $C_{AB} = 0.962$，除非我们已知独立的情况，否则它们都有很高的包含率。

表 5.10 表 5.2 之包含系数

	$A=$不逃避	$B=$追求	交叉	I_{AB}	I_{BA}	C_{AB}	C_{BA}
独立	282.667	90.833	83.000	0.914	0.294	0.962	0.038
包含	228.667	157.667	149.333	0.947	0.653	0.905	0.095
正相关	176.667	183.000	176.667	0.965	1.000	0.000	1.000
负相关	241.833	118.167	94.833	0.803	0.392	0.863	0.137

此外,两个系数都无法很好地区别真正的包含与偏向的负相关案例。最后,对高度正相关的状况来说,I_{AB} 与 C_{AB} 的行为非常不同,这是因为,虽然 I_{AB} 与 I_{BA} 数值都不是很高,但 $C_{AB} = 1 - C_{BA}$,所以如果其中一个高,另一个就低。

然而,所有这些限制的暗示是,包含系数其实不适合告诉我们究竟该用包含还是其他模型来描述某个双变量关系。直至现在,严肃处理这个问题的最好办法仍是用点状图与地方包含率来模拟二元分布。因此,当一个包含系数提供了有用的多样性统计性质时,它也包括多样统计的弱点。在我们来看,包含系数是对双元集群关系或筛选多个成对变量关系的有用综述。在第 6 章中,我们会提供一些案例来说明,包含系数或许可以一般化并用来获得多元集合关系的信息。

第 **6** 章

多变量模糊集合的关系

本章将探讨多集合的关系与概念。我们从组成集合指针与条件归属函数开始,两者能显示结合模糊集合工具与传统的评价建构概念的优势。随后,我们将重点放在多集合的交集与并集,通过厘清共同发生、模糊交集与共变异之间的关联,呈现模糊集合取向如何帮助我们解决关于并发率概念的漫长争论。我们希望通过案例的讨论来说明,如何运用模糊交集而非相关系数得到一个并发率不同且发生争议时更为清晰的视角。本章将以多重与部分交集与包含的介绍结束。

第 1 节 ｜ 组成集合指数

　　模糊集合理论中一个强大的视角是,数学运算可以用来组成指数,把某种特定的学术定义转化为一种量化指数。当然,我们经常做同样的事情,但模糊集合特别自然,这是因为它在逻辑上或者集合理论的风格上符合许多理论定义。例如,理论上经常认定某种性质 B 被定义为属于事物 X 是因为符合一个或多个条件,即 A_1, A_2, $\cdots$, A_k,这在数学上等同于说集合 X 必须有共同交集 $A_1 \bigcap A_2 \bigcap \cdots \bigcap A_k$。如果某些或全部成分集合都是模糊的,那么,应该可以轻松地求出归属值:

$$m_B(x) = \min(m_1(x), m_2(x), \cdots, m_k(x)) \qquad [6.1]$$

　　如果定义可以被转换成集合理论的用语,那么许多更复杂的指数都是可能的。就像我们多次提到的,与加权总值相比,极小—极大算式并非互补性的(在某些领域被称为"非交互性"的)。例如,在公式 6.1 中,A_1 的高归属值不会补足 A_2 的低归属值。因此,研究者或许希望考虑是否该用标准的极小—极大算式或其他方式,如相乘或概率加总(Smithson,1987:26—29)。

　　案例 6.1:选举民主指数

　　在第 3 章里,我们引进了选举民主指标(Munck &

Verkuilen, 2003; UNDP, 2004), 就像前面提到的, 选举民主指标与4个成分一致: 普选权(S)、执政权(O)、自由权(F)与清廉权(C)。S指所有成人都有投票权, O指有决策权力的官员(行政与立法)都必须被选举, F指组织政党竞争与结社的自由, 而C指计票且选举过程公平的权利。理论思考建议我们, 这些成分都是必要条件, 因此, 任何一个成分缺席就足以使一个国家被称为"非民主"。这就表示 $EDI = S \cap O \cap F \cap C$。然而, 以上所有成分的程度仍然很重要, 以普选权来说, 广泛但是未能全面涵盖的情况是可能的, 在美国20世纪60年代的选举改革之前, 南方对投票权也设下了广泛的限制。

因此, 我们必须定义模糊集合选举民主指标是上述成分的交集。标准的取向为 $m_{ED}(x) = \min(m_s(x), m_o(x), m_f(x), m_c(x))$, 由于最小算式不是互补性的, 下面这两种国家将会有同样的选举民主指标归属值 $\min(0.25, 0.25, 0.25, 0.25) = \min(1, 1, 1, 0.25) = 0.25$。然而, 这两个国家的情况对多数观察家而言是非常不同的。第一个国家是表现全都不好的典型, 而第二个国家是民主体制但存在选举作弊的情况。相对于交集的最小算式, 乘积算式也可以被运用: $m_{ED}(x) = m_s(x) \times m_o(x) \times m_f(x) \times m_c(x)$。用乘积算式来估计我们举出的两种国家, 则会产生显著不同的选举民主指数归属值, 第一国的归属值是 0.004, 第二国的则是 0.25。

条件归属函数

对模糊集合的早期批评是, 它对情境不敏感(Amarel,

1984；Zeleny，1984)。在同一个人群里，"高大的"模糊归属函数对男人与女人不同，这不需要什么了不起的智识创举就能断定(Foddy & Smithson，1989)。虽然在基本模糊集合架构内，没有明显提出条件归属值，但这个一般概念十分易懂。我们所需要的只是一个或一个以上的变量作为归属函数的条件，再加上一个对条件化函数的清楚定义。

然而，因为"条件性的"一词在日常使用中有两个意思，所以该词可能有误导性。第一个意思是"预测性的"，是指 A 中的归属值可以被 B 给定的值所预测；另一个意思是"被给定的"，是指 A 中的归属值是被 B 的值给出的结果。在这一节中，我们将主要关注给定的条件归属值。

最简单的给定条件归属值是一个模糊集合的正态化，即用集合里最高的值去除原始归属值。正态化是一种相对归属值而言特殊化案例，亦即归属值被以次集合里的典型来衡量相对评价。"高大男人"与"高大女人"的归属函数或许可以被当成归属值相对化的例子。

另一个更有趣的条件化形式是依赖一个或多个变量，其中，集合 A 的归属值程度依赖条件化变量的定义。史密生使用了这一类的条件化来测量不同交通运输选择在老年人口中的受欢迎程度(Smithson，1987：281—282)，没有私人运输工具者不能"选择"是否使用这些服务，如果只有公交车可乘，人们也不能"选择"是否搭乘公交车。因此，若有 42％ 的人口有私人交通工具而且他们也有其他交通选择，而 32％ 的人用私家车来完成任务，则这个选项条件化的受欢迎程度就是 $0.32/0.42 = 0.76$。此外，若 72％ 的人可以使用公交车系统，但其中 12％ 的人没有其他选择，导致 32％ 的人用公交车来完成任务,则这个选项条件化的受欢迎程度是 $(0.32 - 0.12)/(0.72 - 0.12) = 0.33$。

案例 6.2:杜林等级

赋予条件评价的做法在社会科学界并不常用,其中,多数例外的状况出现在临床心理学与风险评估的运用中。可以被当成条件归属函数的例子是杜林等级(Binzel,1999),这是由于关注小行星撞击地球或然率的假警报造成公众的困扰所发展出来的等级。这个等级的阈值由小行星被测到的动能(MT)与撞击的概率所决定,如图 6.1 所示。数字从 0 到 10,相当于小行星潜在毁灭性撞击集合里的归属程度。

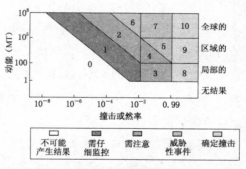

图 6.1　杜林等级

这个等级最具启发性的视角也许是,撞击概率的阈值从一级升高到另一级是根据动能的条件。很明显,当动能增加时,其中 3 个阈值就降低了,显示出更高的撞击或然率风险(更低回避)。以此为例,有同样归属值表示同样的预期能量,例如,在 1 与 2 之间的层次,MT 为 100 加上撞击概率为 10^{-2} 的事件会与 MT 为 10^8 加上撞击概率为 10^{-6} 的事件相等。

第 2 节 | 多集合关系：并发率、共变异数与共同发生率

接下来，我们将模糊集合概念里的交集、并集与包含一般化到超过两个集合的情况。首先，我们将以案例来运用多集合模糊交集与相关概念，以显示该理论对关注并发率概念的冗长争论作出的贡献。

在健康导向的学科领域，如临床心理学，并发率指两个或两个以上的症状同时出现。从医疗领域借用的这个概念遭到广泛的争论与批判，部分原因在于，这个概念与现象的分类观点以及医药疾病模式的起源有关，因此引起了是否适用的争议。某些作者现在偏好共变或同时发生，但他们把这些概念看成彼此割裂的，前者只适用于向量的观点，后者则只适用于分类的观点。

这个观念是不必要的限制。模糊集合理论提供了共变异数与共同发生率两个概念之间的桥梁。为了简洁但又不失普遍性起见，我们假设一个等距层次的评价，使我们可以为模糊集合 A 与模糊集合 B 内的非归属者与完全归属者定出高标与低标。然后我们可以将 Pearson's R 作为不受评价影响的对 m_A 与 m_B 共变的测量。但我们仍然可以用下述方式把共变与模糊集合交集（共同发生率）联结起来。

建立这个关联的最基本的解决方案是变异数与共变异数的公式：

$$\text{cov}(m_A, m_B) = \sum m_A m_B / N - (\sum m_A / N)(\sum m_B / N)$$

且

$$\text{var}(m_A) = \sum m_A^2 / N - (\sum m_A / N)^2 \qquad [6.2]$$

对样本进行估计时，只需将这些等式的右边乘以 $N/(N-1)$ 即可。第一条公式的重要性在于 $\sum m_A m_B / N$ 这一项，这是用乘积公式计算的集合 A 与集合 B 的模糊交集的平均数（即这个交集比例化的势）。换句话说，如果两个集合在统计上独立，那么，两个归属函数的共变异数正是它们的交集（共同发生率）与预期交集的差值。因此，以 $\sum m_A m_B / N$ 来测量的 A 与 B 共同发生率可以被写成：

$$\text{cov}(m_A, m_B) + \bar{m}_A \bar{m}_B$$

或是样本估计为：

$$(N-1)\text{cov}(m_A, m_B)/N + \bar{m}_A \bar{m}_B \qquad [6.3]$$

将 A 与 B 的任何原始评价改为模糊集合函数 A 与 B 的线性转换都将保留原来的 A 与 B 的共变异值，借以提供对共同发生率的测量，它测量在 A 与 B 还是原始分布时的简单函数。应该注意的是，在相关系数是评价独立的意义上，共变异数与共同发生率都不是非向量（独立于评价外）的测量。这个命题与模糊集合的一般性质相符，事实上，模糊集合确实依赖于归属函数的界定。

我们已经建立了一个与共变异数一致的共同发生率测

量方式。但在一般概率论、发生率（发生比率）与共变异数之间，有一些不明显的关联。回顾第 4 章，我们看到，比例集势与概率分享了同样重要的性质。

在第 4 章里，$\|A\| = \bar{m}_A$。我们可以将发生率一般化为下式：

$$\Omega_A = \bar{m}_A / (1 - \bar{m}_A) \qquad [6.4]$$

可以使 $\bar{m}_{AB} = \sum m_A m_B / N$，则给定 B 时，A 的条件发生率为：

$$\Omega_{A|B} = \bar{m}_{AB}(\bar{m}_B - \bar{m}_{AB}) \qquad [6.5]$$

请注意，条件发生率或许也可以被表达成共变异数。最后，一般化的跨乘积发生比率 $\Omega_{A|B}/\Omega_{A|\sim B}$ 为：

$$\Omega_{A|B}/\Omega_{A|\sim B} = \frac{\bar{m}_{AB}(1 - \bar{m}_A - \bar{m}_B + \bar{m}_{AB})}{(\bar{m}_B - \bar{m}_{AB})(\bar{m}_A - \bar{m}_{AB})} \qquad [6.6]$$

这些定义将意义赋予共变异数与平均数等公式。

因此，我们可以强调关注共同发生率的问题，不是通过强调共变异数本身，而是通过共变异数的公式，而且是当我们用乘积算式来运算时。这包括下列各点：（1）不考虑任何其他的分类时（也就是在其他分类里的共同发生被排除的情况下），一个分类里的平均归属值是多少？（2）两个分类以上的平均共同发生率怎样计算？（3）组合分类时（例如，A 或 B 但非 C）的平均归属值怎样计算？（4）在一个样本里所得到的共同发生率分布如何与另一个样本比较？

我们现在讨论两个以上模糊集合的共同发生率与共变异数的关系。或许最直接的方法是用乘积算式来思考 3 个模糊集合的交集，即一个模糊集合与另外两个的乘积之间的共变异数。例如，由公式 6.2 与公式 6.3 我们可以得到：

$$\text{cov}(m_A, m_{BC}) = \bar{m}_{ABC} - \bar{m}_A \bar{m}_{BC}$$

$$= \bar{m}_{ABC} - \bar{m}_A(\text{cov}(m_B, m_C) + \bar{m}_B \bar{m}_C)$$

因此，

$$\bar{m}_{ABC} = \text{cov}(m_A, m_{BC}) + \bar{m}_A \bar{m}_{BC}$$

$$= \text{cov}(m_B, m_{BC}) - \bar{m}_A(\text{cov}(m_B, m_C) + \bar{m}_B \bar{m}_C)$$

$$[6.7]$$

与之前一样，若是用样本估计，则将这些等式的右边乘以 $N/(N-1)$ 即可。当然，我们也可以获得 $\text{cov}(m_B, m_{AC})$ 与 $\text{cov}(m_C, m_{AB})$ 相应的公式，像这样建立任何数量的模糊集合的乘积交集的共变异数与平均数并不困难。然而，多集合交集显然不能简化到双变量的形式，其结果是估计公式的不一致。

在继续演示之前，这里有另外两个议题需要先讨论。首先，如之前提示的，我们可以在极小算式与乘积算式之间，选择共同发生率与并发率的测量方式。乘积算式与共变异数直接相关，如前所述，这个算法有其优势。然而，极小算式在处理共同发生率时有更重要的解释性优势，也就是说，它确实对应于某人或某事物有某种症候群 A_1，A_2，…，A_k 已经达到最小程度 X 的概念。而且在症候群数目增加时，它也不像乘积算式那样明显下降，因此它在某些比较分析中更容易解释。例如，某人在 5 种症候群都出现部分症状时的极小算式有 0.8，会被认为并发率有 0.8，但是在乘积算式估计下会变成 $(0.8)^5 = 0.328$。相对于简单乘积，几何平均也可以作为一种明显正确的测量，但我们暂时还是用乘积来说明。

第二个议题是粗并发率与"相对"并发率的标准化对个别症候群发生率的计算。相对并发率与第5章里的公式5.3所定义的包含系数 I_{AB} 相同，也就是集合 B 在 A 与 B 并集里的比例。此外，在 A 与 B 于统计上独立的情况下，相对于预期共同发生率，共变异数也可能是对并发率的一种测量方式。结果，当样本里的症候群比率系统性地不同时，I_{AB} 与共变异数都可以作为比较并发率的有效工具。

案例 6.3：回到恐惧与憎恶

让我们回到第5章案例5.4里那个262个大学生对31种毒物的讨厌、恐惧与恶心比率的例子。我们已经看到，用极小算式来测量并发率会导致与相关系数非常不一样的趋势，包括讨厌强烈包含恶心与恐惧。这里，我们用同一个例子去演绎共变异数、乘积算式的并发率与一般化的发生率之间的关系。

表6.1的上半部分显示了3个模糊集合的平均归属值，它们与平均乘积交集归属值并列；下半部分显示的是共变异数。公式6.1与这些计算相关，例如，设定 $A=$ 恐惧而 $B=$ 讨厌，则有：

$$\text{cov}(m_A, m_B) = (262/261)[0.1395 - (0.2315)(0.5633)]$$
$$= 0.0092$$

表6.1提供了所有我们需要的信息来概推发生率与发生比率，例如，从公式6.5与公式6.6，我们可以得到：

$$\Omega_{B|A} = 0.1395/(0.2315 - 0.1395) = 1.5181$$

$$\Omega_{B|\sim A} = (0.5633 - 0.1395)/(1 - 0.2315 - 0.5633 + 0.1395)$$
$$= 1.2290$$

$$\Omega_{B|A}/\Omega_{B|\sim A} = 1.2353$$

表 6.1　恐惧、讨厌与恶心的共变异数

	平均乘积归属值（并发症）		
	$A=$恐惧	$B=$讨厌	$C=$恶心
恐　惧	0.2315		
讨　厌	0.1395	0.5633	
恶　心	0.0696	0.1302	0.2152
	共变异数		
	恐惧		
	0.0092	讨厌	
	0.0199	0.0090	恶心

也就是说，给定恐惧时的讨厌是给定不恐惧时的讨厌的一般化发生率的 1.24 倍。

因为 3 个模糊集合有重叠，所以计算它们三者中各自的排除性归属值也是合理的，也就是说，我们希望比较 A、B 与 C 及 $A \cap \sim B \cap \sim C, B \cap \sim A \cap \sim C, C \cap \sim A \cap \sim B$ 的势。在第 5 章里，我们已经看到，讨厌强烈包含了恐惧与恶心，所以我们应该预期，相对于 $A \cap \sim B \cap \sim C$ 及 $C \cap \sim A \cap \sim B$ 与 A 及 C 的关系，$B \cap \sim A \cap \sim C$ 会很接近 B 的规模。在表 6.2 中，我们可以看到这些预期被证实。

表 6.2　恐惧、讨厌与恶心的平均排除性归属

	焦点集	交集
恐　惧	0.2315	
非讨厌与非恶心	0.0674	0.3517
讨　厌	0.5633	
非恐惧与非恶心	0.3387	0.6629
恶　心	0.2152	
非恐惧与非讨厌	0.0605	0.3448

案例 6.4：儿童之间的心理症状

通过被广泛使用的儿童行为检查表（Achenbach, 1991），霍贝克发展了一个儿童心理症候群的模型（Heubeck，2001），使用了一个包括 3712 个儿童的样本，他们曾经因为心理或/及行为上的干扰被转介到诊所，另外在同一个区域又挑出了 3400 个不曾被转介去诊所的儿童。在最终模型里的这 7 项症候群依序为：$A_1 =$ 戒瘾，$A_2 =$ 生理问题，$A_3 =$ 焦虑／恐惧，$A_4 =$ 思虑失序，$A_5 =$ 无法集中，$A_6 =$ 冒犯，$A_7 =$ 攻击性。

　　这 7 个症候群的要素评分以组成临床心理协议与症状条件的方式被转换成模糊归属函数。一种传统的处理分类症状临界点的方式是使用整体样本分布里的高百分比数点（如 95％），另一种方式是用 logistic 回归，以 $p($ 就医 $) = 1/2$ 为临界点，去预测一个个案会不会被转介去就医。此处使用的折衷方式是把 logistic 回归的截点当成归属值为 0 的上限，并且以 95 百分位点的不转介样本为中立点（归属值为 $1/2$）。例如，在整体抽样里，A_1 要素第 95 个百分位点的 X_1 评分为 0.5726。logistic 回归对就医与整体样本的预测是：

$$\ln(p/(1-p)) = 0.1 + 2.11X_1$$

$p = p($ 就医 $)$，隐含了当 $p = 1/2$ 时，$X_1^{(0)} = -0.0452$。第 95 个百分位点的非就医样本则是 $X_1^{(N95)} = 0.5726$。根据这些基准所得到的线性过滤归属函数则是：

$$m_1 = \max[0, \min((X_1 - X_1^{(0)})/2(X_1^{(N95)} - X_1^{(0)}), 1)]$$

这个例子的结果是一个 0 到 $1/2$ 的归属值之间，从第 78 到第 95 个百分位点的整体样本的"窗口"，然后是一个从 $1/2$ 到 1 的就医样本，从第 20 到第 79 个百分位点。

　　我们首先阐明这些归属函数之间就医样本与非就医样本的相关系数，并将其显示于表 6.3 中。非就医组多数的相关系数都比已就医组样本的相关系数高（在 21 个中占 13 个），就算我们用 tau 相关系数而不是 Pearson 的相关系数，结果也差不多。尽管这些差异不是很大，但这些相关系数还是可能使我们作出下列结论，即非就医组的成对并发率比较高。这个结论可能大错特错。

表 6.3　非就医样本与就医样本的相关系数

	戒　瘾	生理问题	焦虑/恐惧	思虑失序	无法集中	冒犯	攻击性
戒　瘾	1	0.3377	0.6117	0.4818	0.2873	0.1286	0.2474
生理问题	0.3123	1	0.5224	0.5077	0.1244	0.2084	0.2107
焦虑/恐惧	0.5861	0.4551	1	0.5690	0.1422	0.1867	0.2090
思虑失序	0.4455	0.4646	0.4804	1	0.4406	0.2304	0.3759
无法集中	0.4632	0.2686	0.3161	0.5615	1	0.1836	0.5316
冒　犯	0.1949	0.2823	0.2474	0.3021	0.2534	1	0.1757
攻击性	0.3953	0.3062	0.3075	0.4372	0.5279	0.2306	1

　　表 6.4 显示了两个样本的平均数与其比率的比较，一如预期，在每个症状的平均归属值方面，就医组都比非就医组明显偏高。表 6.5 显示了两组样本的成对并发率（用乘积算式）与两者相较的比率，组间每种并发率的相对比率都远高于个别症状的相对比率。因此很清楚，无论是粗并发比率还是相对并发比率，就医组都比非就医组高得多。

表 6.4　非就医样本与就医样本的平均数

	平均数	平均数（就医样本）	比　率
戒　瘾	0.0743	0.4974	6.6955
生理问题	0.0909	0.3107	3.4164
焦虑/恐惧	0.0757	0.5185	6.8488
思虑失序	0.0686	0.5279	7.6994
无法集中	0.0725	0.5672	7.8178
冒　犯	0.0594	0.2761	4.6441
攻击性	0.0681	0.5535	8.1245

表 6.5 非就医样本与就医样本的成对并发症与其比率

	戒瘾	生理问题	焦虑/恐惧	思虑失序	无法集中	冒犯	攻击性
				并发症			
戒瘾	1	0.1957	0.3494	0.3338	0.3247	0.1509	0.3124
生理问题	0.0174	1	0.2281	0.2284	0.1920	0.1046	0.1990
焦虑/恐惧	0.0262	0.0223	1	0.3623	0.3162	0.1638	0.3199
思虑失序	0.0205	0.0217	0.0216	1	0.3674	0.1710	0.3508
无法集中	0.0220	0.0159	0.0167	0.0246	1	0.1767	0.3969
冒　犯	0.0097	0.0128	0.0111	0.0120	0.0112	1	0.1723
攻击性	0.0186	0.0163	0.0156	0.0192	0.0232	0.0101	1

	戒瘾	生理问题	焦虑/恐惧	思虑失序	无法集中	冒犯	攻击性
				并发症比率			
戒　瘾	1	11.2181	13.3414	16.3212	14.7685	15.5718	16.7976
生理问题		1	10.2231	10.5201	12.0800	8.1825	12.1933
焦虑/恐惧			1	16.7753	18.9229	14.7207	20.5270
思虑失序				1	14.9588	14.2156	18.2309
无法集中					1	15.7146	17.0892
冒　犯						1	17.0961
攻击性							1

　　事实上,所有3种并发率的测量都显示就医组的数字高得多,表6.5中的平均粗并发率是14.737(范围在8.183与20.527之间),因此可以算出平均相对并发比率是2.394(范围在1.366到3.682之间)。最后,对就医组来说,共变异数也偏高,平均比率为3.392(范围在1.699到5.399之间)。因此,即使把高症状比率计算在内,就医组还是比非就医组的成对并发率高得多。这个以共同发生率为基础,与相关系数简单且明显矛盾的"并发率"的比较,显示了模糊集合取向计算并发率时的优势。

　　当并发率包括超过两种症状时,模糊集合取向的优势更

加明显。为了展示这一点,表6.6显示了6种或7种并发症
出现的情况,在这个例子(同样只是为了说明)里,我们用极
小算式来测量并发率。这个表格显示了两个明确的趋势,首
先,就医组里高得多的并发率倾向仍然持续,而且事实上显
示出比成对的并发率更高的一致性。表中粗并发率平均值
是18.068,而其相对并发比率平均值则是2.833,这些平均数
稍高而变异数则稍低。出现这种情况的原因是,任何6种症
状归属值非零且7种症状归属值也非零的时候,表6.6中的
6种症状与7种症状归属值的平均数非常类似。有6种症状
时,平均并发率有相当大的增加,大多数例外出现在冒犯的
指标中,这就把我们引到模糊集合取向的第二个清楚的趋
势,那就是除了两组样本并发比率明显不同之外,两边都包
含了多种症状同时出现的案例。这个趋势在7种症状中的6
种中存在,与冒犯的情况相比时特别明显。

表6.6　非就医样本与就医样本的6种及7种并发症

多重症状	原始值	原始值	原始值比率	相对值	相对值	相对值比率
7种症状	0.0047	0.0843	17.9515	0.0516	0.1486	2.8782
戒瘾除外	0.0051	0.0935	18.1670	0.0566	0.1648	2.9127
生理问题除外	0.0051	0.1110	21.6250	0.0678	0.1956	2.8865
焦虑/恐惧除外	0.0053	0.0888	16.6792	0.0585	0.1565	2.6742
思虑失序除外	0.0049	0.0869	17.8615	0.0535	0.1532	2.8638
无法集中除外	0.0054	0.0935	17.2009	0.0598	0.1690	2.8258
冒犯除外	0.0078	0.1382	17.6638	0.0861	0.2437	2.8320
攻击性除外	0.0054	0.0940	17.3960	0.0594	0.1657	2.7891

此外,对两组样本并发率比较的一种有效交互检查是与
"单一"症状发病率进行比较。例如,某人有症状A_1但是没
有任何其他并发症的程度可以用$\min(mA_1, 1-\min(mA_2,$

mA_3，$\cdots$，mA_7))来测量。在表 6.7 中，我们可以看到，对就医组与非就医组来说，粗单一症状平均数其实相当接近，就医组平均值其实只稍高一点。然而，用表 6.4 中的粗症状平均数比例来把平均值标准化，结果非就医组单一症状归属值的比例却相对更高，这个发现与从就医组得到的高并发比率相同，因为这显示了较低的单一症状比率。

表 6.7　非就医样本与就医样本的单一症状平均值与几率

	平均值	几率	平均值（就医）	几率（就医）
戒　瘾	0.0457	0.6158	0.0575	0.1155
生理问题	0.0682	0.7499	0.0383	0.1233
焦虑/恐惧	0.0488	0.6452	0.0641	0.1236
思虑失序	0.0392	0.5711	0.0495	0.0938
无法集中	0.0430	0.5930	0.0818	0.1442
冒　犯	0.0469	0.7896	0.0502	0.1818
攻击性	0.0429	0.6303	0.0786	0.1419

最后，为了比较样本或模型参数，我们将简单展示高并发率如何由模糊交集构成，并且与标准统计分析技巧相连。假设我们想比较就医组与非就医组在 7 种症状集合里的并发比率。如我们已知的，与非就医组相比，就医组样本有高得多的累积分布函数。如果我们把归属程度当做一个"风险"变量，而把累积分布函数的倒数当成一个"生存"率，则我们可以用标准化的 Kaplan-Meier 分析与对数层级检验来比较两组分布，并得出 1101.61 的卡方检验值，其表示两组累积分布函数的倒数相当不同。

然而，我们可以用第 4 章里简单介绍过的删截分布取向来处理两个样本的分布。我们可以用双限 tobit 模型（Long，1997：205—212）加上一个潜变量 y（其删截的截点是 0 与 1）来处理这些数据。对删截的观察值来说：

$$\Pr(y_i \leqslant 0 \mid x_i) = \Phi(-\beta x_i / \sigma_i)$$
$$\Pr(y_i \leqslant 1 \mid x_i) = 1 - \Phi(1 - \beta x_i / \sigma_i)$$

Φ 是标准化的正态累积分布函数;若第 i 个案例是非就医者,则 $x_i = 0$,若是就医者,则 $x_i = 1$;σ_i 是非就医样本或就医样本的标准差。对非删截观察值来说:

$$y_i = \beta x_i + \varepsilon_i$$

ε_i 是 $N(0, \sigma_i)$ 的分布。

空模型加上一个同方差模型 ($\chi^2(1) = 699.60$,$p < 0.0001$) 之后确实大幅改善,加上异方差后,改善反而不显著 ($\chi^2(1) = 0.106$,$p = 0.745$)。最终模型估计一个删截分布,其中,非就医样本的平均值是 -0.684,就医样本的平均值是 -0.140,两者的标准差是 0.351。由于样本规模相当大,所以这些相关系数的标准误大约是 0.02。0 的截点上包括了 97.43% 的非就医案例(与数据中的 97.5% 相比)与 65.47% 的就医案例(与数据中的 65.87% 相比),构成了一个突起。1 的截点上低估了另一个突起,包括了 0.00008% 的非就医案例(与数据中的 0.147% 相比)与 0.059% 的就医案例(与数据中的 0.350% 相比)。图 6.2 显示了最终模型潜在的概率分布函数。

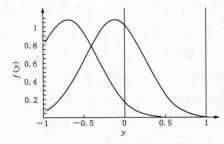

图 6.2   就医样本与非就医样本 7 种症状的归属函数

这个结果的一种解释是，在极小算式下，7 种症状的归属函数可以被当成一种真正频宽的过滤器而不是一种模糊集合的扩张器。对另一个例子，如戒瘾与焦虑/忧郁儿童的集合来说，则更像是扩张器。我们可以用一个同方差双限 tobit 模型来估计模糊交集的极小算式，其分布的非就医样本的平均值是 -0.408，而就医样本的平均值是 0.278，两者的标准差都是 0.403。然而，此交集却是异方差的（$\chi^2(1) = 11.126$，$p = 0.0009$），对非就医样本来说，平均值为 -0.493，标准差为 0.473，对就医样本来说，平均值为 0.279，标准差为 0.392。这些发现表明，$A_1 \cap A_3$ 的归属函数行为更像是扩张器而不是简单的频宽过滤器。

第 3 节 | 多重与部分并集与包含

在案例 6.4 中，当我们计算单一症状比率时，我们其实已经遭遇了"部分排除"的集合归属值，即一个人没有其他症状，但只有其中一种时的归属程度，亦即一种成分多余就可以造成部分交集的概念。令 $\{A_i\}$ 为 $j = 1，\cdots，J$ 的一群集合，共有 N 个观察值，令第 j 个集合的第 i 个观察值为 m_{ij}，当其他集合被移除时，集合 A_g 与 A_h 的部分交集为：

$$m_{igh.J} = \min(\min(m_{ig}，m_{ih})，1 - \max iJ) \qquad [6.8]$$

此处，$\max iJ = \max_J \neq g，h(m_{iJ})$。

用文字来表示，这是指集合 A_g 与 A_h 与其他集合有交集的部分，当 $g = h$ 时，我们就回到了单一症状的例子。

部分包含系数可以参考史密生（Smithson，1987：162—163；1994：17—18）的讨论以及其对包含测量而非模糊逻辑的暗示意义。部分包含测量了关键集合与其他集合交集的比例，但不是一些其他集合的并集：

$$I_{hg/J} = \sum_i m_{igh.j} / \sum_i m_{ig} \qquad [6.9]$$

另一方面，部分包含测量的是以 $\max_{iJ}$ 来表示其他集合的并集被移除之后，关键集合的最小部分，也就是与第二个集合交集，但非与其他集群的并集部分：

$$I_{hg.J} = \sum_i m_{igh.J} / \sum_i \min(m_{ig}, 1 - \max_{iJ}) \quad [6.10]$$

另一个有用的比率是部分交集除以粗交集：

$$I_{hg/J} = \sum_i m_{igh.J} / \sum_i \min(m_{ig}, m_{ih}) \quad [6.11]$$

多重交集指的是任何集群内基本的或组合成的交集。我们已经在案例6.4里遇上了以6种或7种症状并发比率的形式表现的多重交集。多重交集里一个有用的特例是一个关键集合与其他集群交集或并集的交集。相应的多重包含系数可以被简单定义为一个多重交集包含关键集合的比例。

案例6.5:儿童治疗症候群的分部与部分包含

为了展示前面所提到的概念如何运用，我们回到案例6.4所引用的儿童治疗数据，并主要关注 $A_3 = $ 焦虑/忧郁与 $A_4 = $ 思虑失序的交集。在探讨单一症状比率时，假设我们希望找出其他症状的归属值被移除时，A_3 与 A_4 之间的交集还有多少，就医样本里高度多重症状的比率显示，我们应该预期在就医样本与非就医样本相比时，剩下的交集比例相对较少。

这正是本案例所显示的。对就医样本来说，$m_{i34.J}$ 的平均值是 0.0598，而对非就医样本来说则是 0.0190，A_3 与 A_4 的平均部分交集在就医样本里确实较大。然而，A_3 与 A_4 的平均粗交集（用的是极小算式）对就医样本来说是 0.3958，对非就医样本来说是 0.0311。从公式6.11中我们可以得到，就医样本的 $I_{43/J} = 0.598/0.3958 = 0.1511$，非就医样本的 $I_{43/J} = 0.0190/0.0311 = 0.6109$。因此，当有其他症状的归属值被移除后，就医样本只剩下 15% 的交集，对非就医样本来说却还有 61%。在非就医样本中，焦虑/忧郁与思虑失序的交集倾向不包括任何其他症状，但就医样本却包含多种症状。

进行类似比较的另一种方式是用部分交集系数。对就医样本来说，焦虑/忧郁的平均归属值是 0.5185，对非就医样本来说是 0.0757。对就医样本来说，焦虑/忧郁被包含在与思虑失序之交集里的比例是 0.3958/0.5185 = 0.7634，当其他症状被移除时，这个数据就明显减少到 $I_{43/J} = 0.0598/0.5185 = 0.1153$。对非就医样本来说，焦虑/忧郁被包含在与思虑失序交集里的比例是 0.0311/0.0757 = 0.4108，但是当其他症状被移除时，这个数据减少到 $I_{43/J} = 0.0190/0.0757 = 0.2510$。

最后，这个例子也显示了包含与部分包含之间非常不同的视角。对就医样本来说，$\sum_i \min(m_{i3}, 1 - \max_{iJ}) = 0.0894$，而对非就医样本来说，$\sum_i \min(m_{i3}, 1 - \max_{iJ}) = 0.0536$。从公式 6.10 中我们可以看到，就医样本的分部包含系数是 $I_{43.J} = 0.0598/0.0894 = 0.6689$，而对非就医样本来说，$I_{43.J} = 0.0190/0.0536 = 0.3545$。这个形态与上一段计算的粗包含系数的数值非常类似，也就是说，在两个集合与其他症状的交集被从关键集合与其交集中移除之后，焦虑/忧郁与思虑失序的包含关系仍然很稳定。

第 **7** 章

总　结

在这本书中,我们从社会科学的很多概念同时保有分类与向量性质的观察开始,用一种系统且有价值的方式来表达结合了集合论与连续变量观点的模糊集合理论。我们希望能够再次强调引用模糊集合的概念与技巧及其与其他技巧结合可能产生的潜力。例如,许多非连续的潜在特征与潜在阶级模型都包括"评分—响应"模型(Heinen, 1996)以及建构归属函数的方法(Manton et al. , 1994)。

此外,虽然在第 3 章里,我们只提及了研究模糊集合的随机集合取向(尽管第 5 章里的稳定包含路径也可以这样解释),但用随机集合的想法为基石来处理模糊概率与统计方法的整个体系已经被建构起来。最近,一本讨论模糊概率与统计运用的书提供了结合模糊集合与统计的方法,以加强我们处理不确定性的能力。

社会科学家对本书所展示的部分模糊集合概念并不熟悉,而且只有时间能告诉我们这些概念的用处。例如,第 4 章所探讨的模糊性与变异数虽然相关却又有不同,虽然引进模糊性可能对很多研究目的有用,但是只有在比较了使用模糊性与变异数的优劣之后,研究者才可能决定哪一种是最佳方法。另外,包含或模糊集合取向处理并发率等概念,已经直接给予了我们很多新启发与结论,这是传统统计分析不曾做到的。第 5 章与第 6 章的案例大大展示了这种好处。

如第 3 章所建议的,在模糊集合的辩护者与那些认为概率论足以处理任何不确定性的批评者之间,仍有持续的争辩。我们认为,模糊集合理论提供了一些概率论无法提供的想法,但我们绝不建议抛弃概率论的运用,并且我们也认识到,这些架构的角色尚未厘清,还有丰富的应用可能性。模糊集合理论在以下几方面有重大意义:

首先,应当思考哪一种途径在概念上更有道理,并能导致最大的清晰度。如果分类归属值的概率模型比模糊归属程度模型更能澄清一个研究问题,则概率模型更佳;若正好相反,则应选择模糊模型。否则,就像我们在第 5 章里观察到的,如果预测是主要目标,则回归模型应该是最佳途径。但是遇上包含或其他集合之间的关系,当必要与/或充分条件是基本的关注点,则模糊包含模型可能更佳。

其次,当有疑问时,我们应尝试两个视角,并且比较双方的表现。由于不同视角可能带来对表现的不同测量方式,如回归对包含模型的例子,所以这个做法可能很难推行。然而,如我们在第 6 章里展示的延伸并发率的例子那样来比较评估两种不同分析方式对同一组数据的效果,在直觉基础上询问哪一种分析能捕捉到更多有用且具启发性的结果仍然是可能的。

第三,应铭记在心的是,事实上,任何给定的数学模型通常都有两个不同的部分:系统性的变异与噪声。模糊集合理论提供了一种将理论转变成模型的新可能性,而且可以用现代统计估计与模型比较技巧加以检验。也就是说,它允许对系统化的关系提出一种新颖的群集，并且像模糊包含一样可以被检验。然而，模糊集合理论在如何处理含有误差的测量方面没有提出什么方案。把归属值当成一个随机变量并且运用既有的技术，如用最大拟合度去检验新模型，提供了一种严格处理噪声的工具。

　　我们希望本书所展示的这些内容可以刺激研究者与方法学家去进一步发展与运用模糊集合，并将其与其他量化或质化技巧结合。从传统的假设检定到数据探索的巨大范围之间，我们相信这种发展的潜力将是无穷的。

参考文献

Achenbach, T. M. (1991). *Manual for the Child Behavior Checklist 4—18 and 1991 profile*. Burlington: University of Vermont Department of Psychiatry.

Adcock, R. , & Collier, D. (2001). "Measurement validity: A shared standard for qualitative and quantitative research. " *American Political Science Review*, *95*, 529—546.

Agresti, A. , & Coull, B. A. (1998). "Approximate is better than 'exact' for interval estimation of binormal proportions. " *American Statistician*, *52*, 119—126.

Allison, P. D. (1978). "Measures of inequality. " *American Sociological Review*, *43*, 865—880.

Amarel, S. (1984). "On the goals and methodologies of work in fuzzy sets theories. " *Human Systems Management*, *4*, 309.

Bárdossyq, A. , & Duckstein, L. (1995). *Fuzzy rule-based modeling with applications to geophysical, biological, and engineering systems*. New York: CRC Press.

Beck, A. T. , & Steer, R. A. (1996). *Beck Depression Inventory manual*. San Antonio, TX: Psychological Corporation.

Bilgiç, T. , & Türkšen, I. B. (2000). "Measurement of membership functions: Theoretical and empirical work. " In D. Dubois & H. Prade (Eds.), *International handbook of fuzzy sets and possibility theory vol. 1: Fundamentals of fuzzy sets* (pp. 195—202). Boston: Kluwer Academic.

Binzel, R. P. (1999). *The Torino Scale*. Available: http//2irnpact. arc. nasa. gov/torino.

Black, M. (1937). "Vagueness: An exercise in logical analysis. " *Philosophy of Science*, *4*, 427—455.

Bollman-Sdorra, P. , Wong, S. K. M. , & Yao, Y. Y. (1993). "A measurement-theoretic axiomatization of fuzzy sets. " *Fuzzy Sets and Systems*, *60*, 295—307.

Bopping, D. (2003). *Secrecy and service-loyalty in the Australian Defence Fonce: Toward a psychology of disclosure behaviour*. Unpublished doctoral dissertation, The Australian National University, Canberra.

Broughton, R. (1990). "The prototype concept in personality assessment." *Canadian Psychology*, *31*, 26—37.

Buckley, I. J. (2003). *Fuzzy probabilities: New approach and applications*. Heidelberg: Physica-Verlag.

Budescu, D. V., Karelitz, T. M., & Wallsten, T. S. (2003). "Predicting the directionality of probability words from their membership functions." *Journal of Behavioral Decision Making*, *16(3)*, 159—180.

Burisch, M. (1993). "In search of theory: Some ruminations on the nature and etiology of burnout." In W. B. Schaufeli, C. Maslach, & T. Marek (Eds.), *Professional burnout: Recent developments in theory and research* (pp. 75—93). Washington, DC: Taylor & Francis.

Cerioli, A. & Zani, S. (1990). "A fuzzy approach to the measurement of poverty." In C. Dagum & M. Zenga (Eds.), *Income and wealth distribution, inequality and poverty* (pp. 272—284). Berlin: Springer-Verlag.

Cheli, B., Sc Lemmi, A. (1995). "A 'totally' fuzzy and relative approach to the multidimensional analysis of poverty." *Economic Notes*, *24*, 115—134.

Cleveland, W. S. (1993). *Visualizing data*. Murray Hill, NJ: AT & T Bell Laboratories.

Conover, W. J. (1980). *Practical nonparametric statistics* (2nd ed.). New York: Wiley.

Coombs, C. H. (1951). "Mathematical models in psychological scaling." *Journal of the American Statistical Association*, *46*, 480—489.

Crowther, C. S., Batchelder, W. H., & HU, X. (1995). "A measurement-theoretic analysis of the fuzzy logic model of perception." *Psychological Review*, *102*, 396—408.

D'Agostino, R. B., & Stephens, M. A. (Eds.). (1986). *Goodness-of-fit techniques*. New York: Marcel Dekker.

Decision Systems, Inc. (1998). DSIGoM Vl. 01 (Beta): Grade of membership analysis. Raleigh, NC: Author.

De Luca, A., & Termini, S. (1972). "A definition of nonprobabilistic entropy in the setting of fuzzy sets theory." *Information and Control*, *20*, 301—312.

Dubois, D., & Prade, H. (1980). *Fuzzy sets and systems: Theory and applications*. New York: Academic Press.

Efron, B., & Tibshirani, R. (1994). *An introduction to the bootstrap*. New

York: Chapman & Hall/CRC.

Foddy, M. , & Smithson, M. (1939). "Fuzzy sets and double standards: Modeling the process of ability inference. " In J. Berger, M. Zelditch, & B. Anderson(Eds.), *Sociological theories in progress: New formulations* (pp. 73—99). Newbury Park, CA: Sage.

Giles, R. (1988). "The concept of grade of membership. " *Fuzzy Sets and Systems*, *25*, 297—323.

Goldstein, H. , Rasbash, J. , Browne, W. , Woodhouse, G. , & Poulain, M. (2000). "Multilevel models in the study of dynamic household structures. " *European Journal of Population: Revue Europeenne de Demographic*, *16*, 373—387.

Gupta, A. K. , & Nadarajah, S. (Eds.). (2004). *Handbook of beta distribution and its applications*. New York: Marcel Dekker.

Heinen, T. (1996). *Latent class and discrete latent trait models: Similarities and differences*. Thousand Oaks, CA: Sage.

Hersh, H. M. , & Caramazza, A. (1976). "A fuzzy set approach to modifiers and vagueness in natural language. " *Journal of Experimental Psychology: General*, *105*, 254—276.

Hesketh, B. , Pryor, R. G. , Gleitzman, M. , & Hesketh, T. (1988). "Practical applications and psychometric evaluation of a computerised fuzzy graphic rating scale. " In T. Zetenyi(Ed.), *Fuzzy sets in psychology: Advances in psychology* (pp. 425—454). Amsterdam: North-Holland.

Heubeck, B. G. (2001). *An examination of Achenbach's empirical taxonomy and covariation between syndromes in different sex, age, and clinic status groups*. Unpublished doctoral dissertation, The Australian National University, Canberra.

Hisdal, E. (1988). "Are grades of membership probabilities?" *Fuzzy Sets and Systems*, *25*, 325—348.

Horowitz, L. M. , & Malle, B. E. (1993). "Fuzzy concepts in psychotherapy research. " *Psychotherapy Research*, *3*, 131—148.

Jacoby, W. G. (1991). *Data theory and dimensional analysis* (Quantitative Applications in the Social Sciences, Vol. 78). Newbury Park, CA: Sage.

Jacoby, W. G. (1997). *Statistical graphics for univariate and bivariate data* (Quantitative Applications in the Social Sciences, Vol. 117). Thousand Oaks, CA: Sage.

Jacoby, W. G. (1998). *Statistical graphics for visualizing multivariate data* (Quantitative Applications in the Social Sciences, Vol. 120). Thousand Oaks, CA: Sage.

Johnson, N. L. , Kotz, S. , & Balakrishnan, N. (1995). *Continuous univariate distributions*, Vol. 2(2nd ed.). New York: Wiley.

Karabatsos, G. (2001). "The Rasch model, additive conjoint measurement and new models of probabilistic measurement theory." *Journal of Applied Measurement*, *2*, 389—423.

Karabatsos, G. , & Ullrich, J. R. (2002). "Enumerating and testing conjoint measurement models." *Mathematical Social Sciences*, *483*, 485—504.

Kaufmann, A. (1975). *Introduction to the theory of fuzzy subsets*, *Vol. 1.* New York: Academic Press.

Klir, G. A. , & Yuan, B. (1995). *Fuzzy sets and fuzzy logic.* Englewood Cliffs, NJ: Prentice Hall.

Kochen, M. , & Badre, A. N. (1974). "On the precision of adjectives which denote fuzzy sets." *Journal of Cybernetics*, *4*, 49—59.

Koenker, R. , & Hallock, F. K. (2001). "Quantile regression: An introduction." *Journal of Economic Perspectives*, *15*, 143—156.

Kosko, B. (1992). *Neural networks and fuzzy systems: A dynamical systems approach to machine intelligence.* Englewood Cliffs, NJ: Prentice Hall.

Krantz, D. H. , Luce, R. D. , Suppes, R. , & Tversky, A. (1971). *Foundations of measurement.* New York: Academic Press.

Lakoff, G. (1973). "Hedges: A study in meaning criteria and the logic of fuzzy concepts." *Journal of Philosophical Logic*, *2*, 458—508.

Lazarsfeld, P. F. (1937). "Some remarks on typological procedures in social research." *Zeitschrift fur sozialforschung*, *6*, 119—139.

Lieberman, E. S. (2000). *Cross national measurement of taxation.* Paper presented at the annual meeting of the American Political Science Association, Washington, DC.

Long, J. S. (1997). *Regression with categorical and limited dependent variables.* Thousand Oaks, CA: Sage.

Manton, K. G. , Woodbury, M, A. , & Tolley, D. H. (1994). *Statistical applications using fuzzy sets.* New York: Wiley.

Marchant, T. (2004a). "The measurement of membership by comparisons. " *Fuzzy Sets and Systems*, *148*, 157—177.

Marchant, T. (2004b). "The measurement of membership by subjective ratio estimation. " *Fuzzy Sets and Systems*, *148*, 179—199.

Massaro, D. W. (1987). *Speech perception by ear and eye: A paradigm for psychological inquiry*. Hillsdale, NJ: Lawrence Erlbaum.

Massaro, D. W. , Weldon, M. S. , & Kitzis, S. N. (1991). "Integration of orthographic and semantic information in memory retrieval. " *Journal of Experimental Psychology: Learning, Memory and Cognition*, *17*, 277—287.

Michell, J. (1990). *An introduction to the logic of psychological measurement*. Hillsdale, NI: Lawrence Erlbaum.

Michell, J. (1997). "Quantitative science and the definition of measurement in psychology. " *British Journal of Psychology*, *88*, 355—383.

Munck, G. L. , & Verkuilen, J. (2002). "Measuring democracy: Evaluating alternative indices. " *Comparative Political Studies*, *35*, 5—34.

Munck, G. L. , & Verkuilen, J. (2003). *The electoral democracy index*. Unpublished manuscript, University of Southern California, Los Angeles.

Norwich, A. M. , & Türkšen, I. B. (1982). "The fundamental measurement of fuzziness. " In R. R. Yager (Ed.), *Fuzzy set and possibility theory: Recent developments* (pp. 49—60). New York: Pergamon.

Oden, G. C. , & Massaro, D. W. (1978). "Integration of featural information in speech perception. " *Psychological Review*, *35*, 172—191.

Paolino, P. (2001). "Maximum likelihood estimation of models with beta-distributed dependent variables. " *Political Analysis*, *9*, 325—346.

Parasuraman, R. , Masalonis, A. J. , & Hancock, P. A. (2000). "Fuzzy signal detection theory: Basic postulates and formulas for analysing human and machine performance. " *Human Factors*, *42*, 636—659.

Ragin, C. C. (2000). *Fuzzy-set social science*. Chicago: University of Chicago Press.

Ragin, C. C. , & Pennings, R. (Eds.). (2005). "Special issue on fuzzy sets and social research. " *Sociological Methods & Research*, *33* (4).

Rasch, G. (1980). *Probabilistic models for some intelligence and attainment tests*. Chicago: University of Chicago Press.

Ravallion, M. (2003, April 21). "The debate on globalization, poverty, and inequality: Why measurement matters. " *The World Bank Group*,

Working paper 3031.

Rossi, P. E. , Gilula, Z. , & Allenby, G. M. (2001). "Overcoming scale usage heterogeneity: A Bayesian hierarchical approach. " *Journal of the American Statistical Association*, *96*, 20—31.

Saltelli, A. , Tarantola, S. , & Campolongo, F. (2000). "Sensitivity analysis as an ingredient of modeling. " *Statistical Science*, *15*, 377—395.

Sanchez, E. (1979). "Inverses of fuzzy relations: Applications to possibility distributions and medical diagnosis. " *Fuzzy Sets and Systems*, *2*, 75—96.

Seitz, S. T. (1994). "Apollo's oracle: Strategizing for peace. " *Synthese*, *100*, 461—495.

Seitz, S. T. , Hulin, C. L. , & Hanisch, K. A. (2001). "Simulating withdrawal behaviors in work organizations: An example of a virtual society. " *Nonlinear Dynamics, Psychology and Life Sciences*, *4*, 33—66.

Sen, A. (1999). *Development as freedom.* New York: Knopf.

Smithson, M. (1982a). "Applications of fuzzy set concepts to behavioral sciences. " *Journal of Mathematical Social Sciences*, *2*, 257—274.

Smithson, M. (1982b). "On relative dispersion: New solution for some old problems. " *Quality and Quantity*, *16*, 261—271.

Smithson, M. (1987). *Fuzzy set analysis for behavioral and social sciences.* New York: Springer-Verlag.

Smithson, M. (1994). *FUZzySTAT v3. l tutorial manual.* Unpublished manuscript, James Cook University, Townsville, Australia.

Smithson, M. (2005). "Fuzzy set inclusion: Linking fuzzy set methods with mainstream techniques. " *Sociological Methods & Research*, *33*, 431—461.

Smithson, M. , & Hesketh, B. (1998). "Using fuzzy sets to extend Hollanci's theory of occupational interests. " In L. Reznik, V. Dimitrov, & J. Kacprzyk(Eds.), *Fuzzy system design: Social and engineering applications: Studies in fuzziness and soft computing*, Vol. 17 (pp. 132—152). Berlin: Physica-Verlag.

Smithson, M. , & Oden, G. C. (1999). "Fuzzy set theory and applications in psychology. " In D. Dubois & H. Prade(Eds.), *International handbook of fuzzy sets and possibility theory*, *Vol. 5: Applications* (pp. 557—535). Amsterdam: Kluwer.

Smithson, M. , & Verkuilen, J. (in press). "A better lemon-squeezer? Maximum likelihood regression with beta-distributed dependent varia-

bles. " Psychological Methods.

Steenkamp, J. B. E. , & Wedel, M. (1991). "A clusterwise regression method for simultaneous fuzzy market structuring and benefit segmentation. " *Journal of Marketing Research* , *28* , 385—396.

Taber, C. S. (1992). "POLI: An expert system model of U. S. foreign policy belief systems. " *American Political Science Review* , *86* , 888—904.

Theil, H. (1967). *Economics and information theory.* Chicago: Rand McNally.

Thomas, S. F. (1995). *Fuzziness and probability.* Wichita, KS: ACG Press.

Tversky, A. , & Koehler, D. J. (1994). "Support theory: A nonextensional representation of subjective probability. " *Psychological Reviews* , *101* , 547—567.

United Nations Development Program. (1999). *Human development report.* CD-ROM 1990—1999. New York: United Nations.

United Natiions Development Program. (2004). *Democracy in Latin America: Towards a citizens' democracy.* New York: United Nations,

Verkuilen, J. (2005). "Assigning membership in a fuzzy set analysis. " *Sociological Methods & Research* , *33* , 462—496.

Wallsten, T. S. , Budescu, D. V. , Rappoport, A. , Zwick, R. , & Forsyth, B. (1986). "Measuring the vague meanings of probability terms. " *Journal of Experimental Psychology: General* , *115* , 348—365.

Waterhouse, L. , Wing, L. , & Fein, D. (1989). "Re-evaluating the syndrome of autism in the light of empirical research. " In G. Dawson (Ed.), *Autism: Nature, diagnosis, and treatment* (pp. 263—281). New York: Guilford.

Widiger, T. A. , & Clark, L. A. (2000). "Toward DSM-V and the classification of psychopathology. " *Psychological Bulletin* , *126* , 946—963.

Wilson, E. B. (1927). "Probable inference, the law of succession, and statistical inference. " *Journal of the American Statistical Association* , *22* , 209—212.

Yager, R. R. (1979). "On the measure of fuzziness and negation, Part I: Membership in the unit interval. " *International Journal of General Systems* , *5* , 221—229.

Zadeh, L. (1965). "Fuzzy sets. " *Information and Control* , *8* , 338—353.

Zelenhy, M. (1984). "On the(ir)relevancy of fuzzy sets theories. " *Human*

Systems Management, 4, 301—306.

Zimmerman, H. -J. (1993). *Fuzzy ser theory and its applications* (2nd ed.). Boston: Kluwer Academic.

Zwick, R., Budescu, D. V., & Wallsten, T. S. (1988). "An empirical study of the integration of linguistic probabilities." In T. Zetenyi(Ed.), *Fuzzy sets in psychology* (pp. 91—126). Amsterdam: North-Holland.

译名对照表

aggregation	加总
aggregation operators	加总运算公式
aggressive behavior scale	攻击性行为评分
application of fuzzy sets	模糊集合的运用
arithmetic mean	算术平均
assigning membership	归属赋值
axiomatic measurement theory	公理测量理论
bandwidth filter	频宽过滤器
baseline membership	基准归属值
Beck Depression Inventory II	贝氏忧郁量表 II
bootstrapping	自举抽样法（拔靴法）
cardinality	（集）势
censored distribution	删截分布
Child Behavior Checklist(CBC)	儿童行为评价表
Chi-square test	卡方检验
Classical Inclusion Ratio(CIR)	经典包含比率
coefficient of variation	变异数的回归系数
comorbidity	并发（率）
compound indexes	结合指数
computer program	计算器程序
conditional membership function	条件归属函数
confidence bands	信任（区间）带
Confidence Interval(CI)	信任区间
constant inclusion	稳定包含
co-occurrence	共同发生（率）
correlations	相关系数
covariation	共变异数
crisp sets	清晰集合
Cumulative Distribution Function(CDF)	累积分布函数
degree-vagueness	模糊程度
democracy index	民主指标/选举民主指标

diagnostic and statistical manual	精神症状与统计手册
dichotomous set	双元/二分集合
dilation	扩张/扩大器
Electoral Democracy Index(EDI)	选举民主指标
endpoints	终端
error bands	误差带
errors, measurement	测量偏误
torino Scale	杜林等级
formalist approach	形式化(主义)取向
frequencies	频率
full membership	完全归属
fuzziness	模糊性
fuzzy aggregation	模糊加总
fuzzy complement	模糊补集(余集)
fuzzy core	模糊核心
fuzzy intersection	模糊交集
Fuzzy Logic Model of Perception(FLMP)	认知的模糊模型
fuzzy logic	模糊逻辑
fuzzy numbers	模糊数据
fuzzy restrictions	模糊限制
fuzzy set union	模糊(集合)并集
fuzzy set(s)	模糊集合
fuzzy union	模糊并集
fuzzy variables	模糊变量
Generalized Linear Model(GLM)	一般线性模型
geometric mean	几何平均数
Gini coefficient	基尼系数
household data	家户数据
Human Development Index(HDI)	人类发展指数
inclusion	包含
inclusion coefficient	包含系数
inclusion index	包含指数

inclusion rate	包含比率
information-theoretic variation coefficient	信息理论变异系数
intermediate membership	中介归属值
interpolating functions	内插函数
intersection	交集
interval-level membership scale	等距归属评价/评分
interval scale	等距评价/评分
Item-Response Theory(IRT)	项目反应理论
Joint Cumulative Distribution Function(JCDF)	共同积累分布函数
joint ordering	共同定序
Kolmogorov goodness-offit statistic	拟合度统计
latent class analysis	潜在阶级分析
law of the excluded middle	中间排除率
level sets	分层集合
linear filter	线性过滤法
logistic function	二元逻辑函数
logistic regression	二元逻辑回归
max-min operators	极大—极小运算公式(算子)
mean	平均数(均值)
measurement errors	测量偏误
measurement properties	测量性质
measurement theory	测量理论
membership	归属(值)
membership function	归属函数
membership scale	归属评价
membership intersection	归属交集
membership values	归属值
minimalist membership	极小化归属值
mirror image	镜像
multiple intersection	多重交集
natural language	自然语言
necessity	必要(性/条件)

nonmembership	非归属
ordered pairs	定序配对
ordinal scale	定序评价
ordinality	序列性
overlap of fuzzy sets	模糊集合的重迭
partial inclusion	部分包含
part inclusion coefficients	部分包含系数
partial intersection	部分交集
partial set membership	部分集合归属值
power transformations	乘幂转换
probabilist interpretation	概率论的解释
Probability Distribution Function(PDF)	概率分布函数
proportional cardinality	比例势
qualitative data	质化数据
random set view	随机集合观点
ratio-level measurement	比率层级测量
ratio scale	比率评价
scalar cardinality	数势
sensitivity analysis	敏感度测试
set membership	集合归属
set size	集合规模/集势
Signal Detection Theory(SDT)	信号侦测理论
significance tests	显著性检验
skew	偏向
subjective ration scale	主观分配评价
sufficiency	充分(条件)
Tau corrections	Tau 相关系数
truncated distribution	截断分布
unit interval	单位区间
universal set	普遍集合
utility scale	效用评价

图书在版编目(CIP)数据

模糊集合理论在社会科学中的应用/(澳)史密生
(Smithson, M.),(美)弗桂能(Verkuilen, J.)著;林
宗弘译.—上海:格致出版社:上海人民出版社,
2012

(格致方法·定量研究系列)
ISBN 978-7-5432-2197-0

Ⅰ.①模… Ⅱ.①史… ②弗… ③林… Ⅲ.①模糊集
理论-研究 Ⅳ.①O159

中国版本图书馆 CIP 数据核字(2012)第 271647 号

责任编辑 罗 康

格致方法·定量研究系列
模糊集合理论在社会科学中的应用
[澳]麦可·史密生 [美]杰·弗桂能 著
林宗弘 译

出 版	世纪出版集团 www.ewen.cc	格 致 出 版 社 www.hibooks.cn 上海人民出版社

(200001 上海福建中路193号24层)

编辑部热线 021-63914988
市场部热线 021-63914081

发 行 世纪出版集团发行中心
印 刷 浙江临安曙光印务有限公司
开 本 920×1168毫米 1/32
印 张 5
字 数 76,000
版 次 2012年12月第1版
印 次 2012年12月第1次印刷
ISBN 978-7-5432-2197-0/C·94
定 价 15.00元